I0475555

# حلول مسائل كتاب ميكانيكا الموائع

## إعداد

د. محمد عصام محمد عبد الماجد

أ. د. م. م. عصام محمد عبد الماجد

م. تسنيم عصام محمد عبد الماجد

1

ISBN-13: 978-1543280470

ISBN-10: 1543280471

Printed by: **CreateSpace, an Amazon.com Company**
**Available from Amazon.com, CreateSpace.com, and**
**other retail outlets**

tas.isam@gmail.com, Khartoum, Sudan.

# مقدمة

نحمد الله سبحانه وتعالى و نشكره أن تكرم علينا و حبانا بهذه الفكرة الرائعة لوضع حلول للمسائل التطبيقية التي وردت في الكتاب المنهجي "ميكانيكا الموائع" لما فيه فائدة القاريء والمستخدم له.

عملاً بقوله صلى الله عليه وسلم :( **لا يشكر اللهَ من لا يشكر الناس** )[1] فالشكر أولاً وآخراً لله رب العالمين أن تكرم علينا سبحانه وتعالى بإتمام هذا السفر المبسط، ثم خالص الشكر وفائق الثناء وجزيل الامتنان لكل من ساهم في إخراج هذا الكتاب وساعد في اكمال نواقصه.

أعد هذا الكتيب لحلول المسائل التي وردت على متن كتاب "ميكانيكا الموائع" والتي قام باعداده د. محمد عصام محمد عبد الماجد ، و د. م. مسعود جميل أحمد ، و م. ساتي ميرغني محمد أحمد ، وأ. د. م. عباس عبد الله إبراهيم ، و أ. د. م. م. عصام محمد عبد الماجد، و م. تسنيم عصام محمد عبد الماجد والذي نشر من قبل CreateSpace Independemt Publishing Platform، الخبر – خصب – الخرطوم، للطبعة الثالثة من الكتاب والتي صدرت في العام 2016 م تحت الرقمين: ISBN-13: 978-1517099480 و ISBN-10: 151709948X
نأمل في أن يتقبل الله تعالى هذا الجهد وينفع به.

المؤلفون

الخبر –الدوحة – الخرطوم في 2017

[1] النهاية في غريب الحديث والأثر لابن الأثير، باب الشين مع الكاف، ص. 493، الجزء الثاني، دار إحياء الكتب العربية، تحقيق طاهر أحمد الزاوي ومحمود محمد الطناجي. سنن الترمذي، كتاب البر والصلة، حديث رقم 1877. سنن أبي داوُد، كتاب الأدب، حديث رقم 4177. مسند أحمد، باقي مسند المكثرين، حديث رقم 7598، 7676، 8673، 9565، 9982، 11278. مسند أحمد، مسند الأنصار، حديث رقم 20836، 20845.

# المحتويات

# الرموز والمصطلحات المستخدمة في الكتاب

$a$ = عجلة عنصر المائع

$a$ = العجلة (م/ث$^2$)

$a_n$= العجلة العمودية (م/ث$^2$)

$a_s$ = عجلة خط الانسياب (م/ث$^2$)

$a_x, a_y$= مركبة العجلة في المحورين السيني$x$ والصادي $y$ (م/ث$^2$)

$A$ = مساحة أرضية الخزان (م$^2$)

$\delta A$ = مساحة العنصر (م$^2$)

$b$ = العرض (م)

$B$ = عرض الهدار (م)

$c_d$ = معامل الدفق

$c_P$ = الحرارة النوعية عند ثبات الضغط (جول/كجم.كلفن)

$c_V$ = الحرارة النوعية عند ثبات الحجم (جول/كجم.كلفن)

$dA.\cos\theta$ = اسقاط المساحة $dA$ على سطح عمودي على المحور السيني

$\delta A.\cos\theta$ = إسقاط المساحة التفاضلية $\delta A$ على المستوى الأفقي

$Ca$ = رقم كاوشي

$CP$ = نقطة عمل محصلة القوى (مركز الضغط)

$^oC$ = درجة الحرارة بالمقياس المئوي

$d$ = القطر (م)

$\frac{du}{dy}$ = انحدار (ممال) السرعة

$D$ = قوة السحب (نيوتن)

$E$ = حد المرونة الخطي (نيوتن/م$^2$)

Es = الطاقة النوعية (طاقة لوحدة الوزن، سمت طاقة) (م)

Ev = حد التغير الحجمي (نيوتن/م$^2$)

Eu = رقم أويلر (لابعدي)

f = حقل الموجه للضغط السطحي على وحدة الحجم

f = معامل الاحتكاك (معامل احتكاك دارسي)

F = القوة، القوة المؤثرة على الجسم (نيوتن)

$F_B$ = قوة الطفو

$F_R$ = محصلة القوة المؤثرة على أرضية الخزان (نيوتن)

$F_R$ = محصلة القوى المؤثرة على السطح المستو المائل (نيوتن)

Fr = رقم فرود (لابعدي)

$°F$ = درجة الحرارة بمقياس فهرنهيت

g = عجلة الجاذبية الأرضية (م/ث$^2$)

G = مركز الثقل

GM = الارتفاع البيني

h = السمت، ارتفاع عمود السائل فوق النقطة (أو المستوى)، ارتفاع عمود الزئبق (م)

h = عمق المائع المقاس للأسفل من موضع الضغط (م)

h = ارتفاع المائع من نقطة عمل القوة التفاضلية F □ (م)

h = الإرتفاع من المساحة إلى السطح الحر (م)

$h_f$ = فقد السمت للاحتكاك (م)

$h_l$ = فقد السمت (م)

$h_1$= ارتفاع المائع إلى meniscus المائع س في النقطة ب (م)

$h_2$ = ارتفاع المائع، ارتفاع الخزان (م)

$\overline{h}$ = المسافة العمودية من سطح المائع إلى مركز ثقل المساحة

H = السمت الكامل (م)

I = عزم القصور الذاتي المستوى (م$^4$)

6

$I_{xx}$ = العزم الثاني للمساحة بالنسبة للمحور السيني والمتكون من تقاطع المستوى الحادي على السطح والسطح الحر (المحور السيني) ($م^4$)

$I_{xG}$ = العزم الثاني للمساحة بالنسبة للمحور الذي يمر عبر مركز الثقل ويوازي المحور السيني ($م^4$)

$I_{xy}$ = ضرب القصور الذاتي بالنسبة للمحورين السيني والصادي ($م^4$)

$I_{xyG}$ = ضرب القصور الذاتي بالنسبة لمحورين متعامدين يمران عبر مركز ثقل المساحة ويتكونان بنقل نظام المحورين السيني والصادي ($م^4$)

k = ثابت = نسبة الحرارة النوعية للضغط الثابت إلى الحرارة النوعية للحجم الثابت

$\bar{k}$ = الانضغاطية

K = حد المرونة، معامل تغير الحجمي معامل المرونة الحجمي (نيوتن/$م^2$)

l = الطول (م)

L = قوة الرفع (نيوتن)

m = الكتلة، كتلة الجسم (كجم)

m' = كتلة معدل الانسياب (كجم)

Ma = رقم ماش (لابعدي)

MW = الوزن الجزيئي

n = ثابت، عدد المولات

p = الضغط عد نقطة، الضغط المنتظم في أرضية الخزان (نيوتن/$م^2$)

P = الضغط، الضغط المطلق (باسكال، نيوتن/$م^2$)

$P_a$= الضغط المطلوب على الارتفاع0 = y، ضغط الهواء الجوي (نيوتن/$م^2$)

$\bar{P}_c$ = الضغط الحرج الظاهري

$P_g$ = الضغط على مركز ثقل المساحة (نيوتن/$م^2$)

$P_x, P_y, P_s$= الضغط المتوسط المؤثر على الأوجه الحرة للجسم المغمور قيد البحث (نيوتن/$م^2$)

$P_x , P_y , P_z$ = الضغط المؤثر في المحاور x وy و z على الترتيب (نيوتن/$م^2$)

$P_1 , P_2$ = الضغط في مستويين مختلفين(نيوتن/$م^2$)

$P_v$ = ضغط بخار ، ضغط بخار الزئبق (ملم زئبق)

$Q$ = الدفق (الانسياب) (م$^3$/ث)

$r$ = نصف القطر، نصف قطر انحناء سير الجسم (انحناء خط الانسياب) (م)

$r_H$ = نصف القطر الهيدروليكي (م)

$R$ = ثابت الغاز العالمي (جول/كجم×كلفن)

$Re$ = رقم رينودلز (لابعدي)

$^\circ R$ = درجة الحرارة بمقياس رانكن

$s$ = الكثافة النسبية للمائع

$S$ = الازاحة في أي اتجاه (م)

$St$ = رقم استراهول (لابعدي)

$t$ = الزمن (ث)

$T$ = درجة الحرارة (مئوية)، درجة الحرارة المطلقة (كلفن)

$T_a$ = درجة الحرارة على ارتفاع مستوى سطح البحر ($y = 0$)

$\overline{T}_c$ = درجة الحرارة الحرجة الظاهرة

$u$ = السرعة في اتجاه المحور السيني (م/ث)

$U$ = السرعة على السطح الحر المستوي (م/ث)

$v$ = السرعة في اتجاه المحور الصادي (م/ث)

$v_{av}$ = السرعة المتوسطة (م/ث)

$V$ = الحجم (م$^3$)

$\delta V$ = حجم المنشور الذي ارتفاعه $h$ وقاعدته $\cos\theta.\delta A$. أو هو حجم السائل (أو الحجم التخيلي) أعلى المساحة التفاضلية

$We$ = رقم ويبر

$w_P$ = المحيط المبتل (م)

$W$ = الوزن (نيوتن)

$x$ = الاحداث السيني (م)

$y$ = الاحداث الصادي، العمق (م)

8

$\bar{y}$ = الإحداثي السيني لمركز الثقل مقاس من المحور السيني الذي يمر عبر نقطة الأصل o (م)

$\delta y/2$ = المسافة من مركز العنصر إلى الجانب العمودي على المحور الصادي (م)

z = الاحداث في الاتجاه الثالث (م)

Z = معامل الحيود للغاز

$\alpha, \beta, \phi, \varphi$= زاوية (°)

$\theta$ = زاوية ميل السطح المستوي على السطح الحر

$\beta$ = معدل التفاوت (معدل تغير الحرارة مع الارتفاع) (كلفن/م)

$\gamma$= وحدة قوة الجاذبية من المائع

$\gamma$ = الثقل النوعي أو الوزن النوعي (نيوتن/م$^3$)

$\delta$ = سمك الطبقة الحدية (المجاورة) (م)

$\rho$ = الكثافة (كجم/م$^3$)

$\kappa$= معامل المرونة الحجمي

$\varepsilon$ = الانفعال

$\varepsilon$ = معامل الخشونة

$\dfrac{e}{D}$ = الخشونة النسبية

$\eta$ = الكفاءة

$\mu$= اللزوجة الديناميكية (المطلقة أو الحركية) (نيوتن×ث/م$^2$)

$\nu$= اللزوجة الكينامتيكية (التحريكية) (م$^2$/ث)

$\xi$= اللزوجة الدوامية

$\upsilon$ = الحجم النوعي (م$^3$/كجم)

$\lambda$ = ثابت الغاز العالمي

(= 8314.3 جول/كجم.كلفن = 49720 قدم×باوند/سلج×رانكن)

$\rho$= الكثافة، كثافة المائع (كجم/م$^3$)

$\rho_w$ = كثافة الماء (كجم/م$^3$)

$\rho_f$ = كثافة المائع (كجم/م$^3$)

$\delta x, \delta y, \delta z$ = أبعاد الجسم في الاتجاهات المبينة

$\phi$ = الزاوية للوجه المائل للاسفين

$\pi$ = ثابت

$\tau$ = اجهاد القص (نيوتن/م$^2$)

$\sigma$ = الاجهاد (نيوتن/م$^2$)

$\sigma$ = التوتر (الشد) السطحي (نيوتن/م)

$\omega$ = السرعة الزاوية (نقية/ث)

$\lambda_l$ = مقياس الطول

$\lambda_v$ = مقياس السرعة

# الفصل الأول

# مفاهيم أساسية

# Basic Concepts

## 1 – 8 تمارين عامة

## 1 – 8 – 1 تمارين نظرية

1) عرف علم الموائع؛ وبين أهم تطبيقاته العملية.

الاجابة

علم الموائع علم يهتم بدراسة سكون الموائع القليلة الانضغاطية وحركتها    (كما في حالة المجاري المفتوحة والمغلقة  )، وجريان الموائع في داخل الأرض    (و تطبيقات ذلك على الخزانات والقناطر ومحطات توليد الكهرباء وشبكات المياه وشبكات أنابيب نقل النفط    )، ودراسة الموائع المثالية أي غير قابلة للانضغاط وليست لها لزوجة  ، والموائع الحقيقية أي تلك التي لها لزوجة وانضغاطية.

2) تحدث بإيجاز عن تاريخ علم الموائع.

الاجابة

يرجع تاريخ ميكانيكا الموائع إلى حقب بعيدة عبر العصور الحضارية المختلفة مما ساعد كثيراً في تنمية إمداد الماء ونظم الري وتصميم السفن والمواخر وإنشاء السدود والقناطر . وتشير الرسومات القديمة إلى انبثاق ميكانيكا الموائع الحديثة عبر ارخميدس الإغريقي لقواعد السكون المائي والطفو، وسكتوس جوليس لإمداد الماء، ثم انبثاق فجر علوم ميكانيكا الموائع مع ليوناردو دافنشي لظاهرة دفق الموائع، ثم كان لأعمال جاليلو جاليلي فضل كبير في تجارب الميكانيكا، وبعدها ظهرت الأعمال الجليلة وإثراء المعرفة من علماء

11

مثل اسحق نيوتن وبلايس باسكال ودانيال برنوبي وليوناردو اويلر وجين لوروند ودي ألمبرت وأنتوني جيزي وجيوفاني باتستا فنتشوري ولويس ماري هنري نافير وجين لويس بوازيللي وهنري فليبرت جاسبارد دارسي وجوليس ويسباش ووليام فرود وروبرتماننج وجورج جابريل استون واسبورن رينولدز ومورنتز ويبر ولويس فيري مودي. ومن ثم أخذ مسار ميكانيكا الموائع مسار الديناميكا المائية للمسار النظري والرياضي للموائع المثالية دون احتكاك، ومسار الهيدروليكا للمسار التطبيقي والعملي للموائع الحقيقية والذي قام بموالفته ليدوق براندتل الألماني بإدخاله مفهوم الطبقة الحدية في ميكانيكا الموائع ومن بعد تطورت العلوم للديناميكا الهوائية والانسياب السطحي.

**3) ما الفرق بين النظم التالية للوحدات: النظام العالمي، والنظام المتري، والنظام الإنكليزي والنظام الهندسي؟**

**الاجابة**

يبين الجدول التالي الفرق بين نظم الوحدات.

| | **النظام العالمي** | **النظام المتري (النظام الفرنسي)** | **النظام الإنكليزي (النظام الطبيعي)** | **النظام الهندسي البريطاني** |
|---|---|---|---|---|
| التعريف | النظام الدولي الرسمي للقياس الأوسع انتشارا في البلدان في العالم | نظام متفق عليه دوليا للقياس العشري | نظام بريطاني يستخدم وحدات قياس تاريخية | نظام بريطاني |
| نظام القياس | متر، كيلوغرام، ثانية | متر، كيلوغرام، ثانية | الباوند (رطل)، قدم، ثانية | الباوند، قدم، ثانية |
| الوحدات | متر، | | الباوند، قدم، | الباوند، قدم، |

| الأساسية | كيلوغرام، ثانية، أمبير ، كلفن ، شمعة، مول | | ثانية، أمبير ،فهرنهايت، شمعة، مول | ثانية، أمبير ،فهرنهايت، شمعة، مول |

4) ما المقصود بالمائع؟

**الاجابة**

يقصد بالموائع السوائل والغازات؛ ويتميز السائل عن الجسم الصلب بأن السوائل دائماً تأخذ شكل الوعاء الذي تضع فيه، بينما الغازات تأخذ شكل الوعاء الذي توضع فيه وحجمه.

5) بين أهم الفروق بين المواد الصلبة والموائع.

**الاجابة**

يبين الجدول التالي الفروق الأساسية بين المواد الصلبة والموائع.

| | المادة الصلبة | الموائع |
|---|---|---|
| تقارب الجزيئات | الجزيئات قريبة من بعضها | الجزيئات متباعدة من بعضها |
| قوى الجذب | توجد قوى جذب كبيرة بين الجزيئات مما يجعلها تحتفظ بشكلها | قوى الجذب قليلة |
| أثر الإجهاد | تحتاج إلى إجهاد معين قبل أن تبدأ السيولة | تتشوه تحت أقل إجهاد |
| تغير الشكل | ترجع إلى شكلها الأصلي عند إزالة الاجهادات المماسية | لا ترجع إلى شكلها الأصلي |

13

| | | |
|---|---|---|
| الخواص ذات الأهمية الهندسية | الصلابة، الصلادة، المتانة، الكثافة، الضغط الساكن، محتوى الرطوبة، محتوى السعرات الحرارية، | الكثافة، اللزوجة، التوتر السطحي، الضغط الاسموزي، ضغط البخار ، محتوى الرطوبة، محتوى الجوامد والشوائب، |

## 1 – 8 –2 تمارين عملية

1) جد معامل التحويل للكميات الآتية:

| | من | إلى | معامل التحويل |
|---|---|---|---|
| (أ) | مم | م | 0.001 |
| | سم | م | 0.01 |
| | دسم | م | 0. 1 |
| | | | |
| (ب) | مم$^2$ | م$^2$ | $10^{-6}$ |
| | سم$^2$ | م$^2$ | 0.0001 |
| | دسم$^2$ | م$^2$ | 0.01 |
| | | | |
| (جـ) | مم$^3$ | م$^3$ | $10^{-9}$ |
| | سم$^3$ | م$^3$ | $10^{-6}$ |
| | دسم$^3$ | م$^3$ | 0.001 |
| | لتر | م$^3$ | 0.001 |
| | سم$^2$ | مم$^2$ | 100 |
| | مم$^3$ | سم$^3$ | 0.001 |
| | | | |
| (د) | جم/سم ث | كجم/م ث | 0.1 |
| | جم سم/ث | كجم م/ث | $10^{-5}$ |
| | جم سم/ث$^2$ | كجم م/ث$^2$ | $10^{-5}$ |

| | | | |
|---|---|---|---|
| | م/ث | كم/ساعة | 3.6 |
| | باسكال | كيلونيوتن/م$^2$ | 0.001 |
| | باسكال | بار | $10^{-5}$ |

2) جد أبعاد المقادير التالية وحدد نوعها (هندسي، أم كينماتيكي، أم ديناميكي) ولماذا؟

$\rho v^2$ $\qquad \frac{v^2}{2g}$ $\qquad \rho g h Q$ $\qquad P v^2$

**الحل:**

(i) $\rho V^2 = \frac{M}{L^3} \cdot \frac{L^2}{T^2} = \frac{M}{LT^2}$

النوع: ديناميكية لأنها تحتوي على الكتلة الطول الزمن

(ii) $\frac{V^2}{2g} = \frac{L^2 T^2}{2T^2 L} = \frac{L}{2}$

النوع: هندسية لأنها تحتوي على الطول

(iii) $\rho ghQ = \frac{M}{L^3} \times \frac{L}{T^2} \times L \times \frac{L^3}{T} = \frac{ML^2}{T^3}$

النوع: ديناميكية لأنها تحتوي على الطول والكتلة والزمن

(iv) $PV^2 = \frac{F}{L^2} \cdot \frac{L^2}{T^2} = \frac{ML}{T^2 L^2} \frac{L^2}{T^2} = \frac{ML}{T^4}$

النوع: ديناميكية لأنها تحتوي على الكتلة والزمن والطول

(v) $gD^2 = \frac{LL^2}{T^2} = \frac{L^3}{T^2}$

النوع: كينامتيكية لأنها تحتوي على الزمن والطول

2) إذا كانت كتلة السنتمتر المكعب $cm^3$ هي واحد جم $Gr_m$ جد كتلة واحد قدم مكعب $ft^3$ من الماء بالاسلج Slug الانكليزي

**الحل:**

- كتلة one $ft^3$ = $1\times30.5^3$ = 28317 Grm
- كتلة one $ft^3$ بال Lbm = $\frac{28317}{453.6}$ = 62.3 Lbm
- كتلة one $ft^3$ بال slug = $\frac{62.4}{32.2}$ = 1.94 Slug

3) إذا كانت اللزوجة المطلقة للماء هي $\mu = 1.8\times10^{-5} Lb_f\ sec/ft^2$ جد قيمتها بوحدات اسلج/قدم.ثانية Slug/ft.sec وبوحدات جم/سم.ثانية $Gr_m/cm.sec$ (الاجابة: $1.8\times10^{-5}$، $8.62\times10^{-3}$)

**الحل:**

المعطيات: اللزوجة المطلقة للماء μ= 1.8x10−5Lbf sec/ft2

(a) $$1.8\times10^{-5} Lb_f \frac{sec}{ft^2} = 1.8\times10^{-5} slug \frac{ft}{sec^2}.\frac{sec}{ft^2}$$

$$\mu = 1.8\times10^{-5}\ slug/ft\ sec$$

# الفصل الثاني

# خواص الموائع

# Fluid Properties

## 2 – 16 تمارين عامة

### 2 – 16 – 1 تمارين نظرية

1. علل لماذا ينتفخ جالون البلاستيك وبداخله كمية من البنزين في فترة الصيف.

**الحل:**

ينتفخ جالون البلاستيك وبداخله كمية من البنزين في فترة الصيف لتمدد كتلة الهواء بداخله نسبة لارتفاع درجة الحرارة.

2. عرف اللزوجة المطلقة واللزوجة الكينماتيكية. كيف يمكن الحصول من إحداهما على الأخرى.

**الحل:**

يبين الجدول التالي تعريف اللزوجة المطلقة واللزوجة الكينماتيكية وكيفية الحصول من إحداهما على الأخرى.

| | اللزوجة المطلقة(الدينامية، الحركية) | اللزوجة الكينماتيكية |
|---|---|---|
| تعريف | مقدار مقاومة السائل للجريان (السيلان) عند | حاصل قسمة اللزوجة الحركية على كثافة |

| | | |
|---|---|---|
| | حركتة وعلاقة هذه المقاومة بدرجة حرارة السائل. | السائل |
| وحدة اللزوجة | نيوتن. ثانية /متر $^2$ | متر$^2$/ ثانية |
| كيفية الحصول من إحداهما على الأخرى | اللزوجة الكينماتيكية×الكثافة | اللزوجة المطلقة ÷ الكثافة |

3. وضح لماذا تزيد لزوجة الغازات مع زيادة درجة الحرارة.

**الحل:**

بالنسبة للغازات فإن القوة الناتجة عن حركية الجزيئات كبيرة (جزيئات الغازات في حالة حركة دائماً)، بينما قوة التماسك بين الجزيئات ضعيفة لهذا فإن القوة المهيمنة هي قوة حركة الجزيئات، فزيادة درجة الحرارة تزيد من حركة الجزيئات بما يزيد هذه القوة، وعليه فإن لزوجة الغازات تزيد مع زيادة درجة الحرارة.

4. جد أبعاد الكمية $\frac{\rho V^2}{2}$

**الحل:**

$$\frac{PV^2}{2} = \frac{\frac{F}{L^2}\cdot\frac{L^2}{LT^2}}{2} = \frac{\frac{ML}{T^2L^2}\cdot\frac{L^2}{T^2}}{2} = \frac{\frac{ML}{T^4}}{2}$$

ديناميكية لأنها تحتوي على الكتلة والزمن والطول

5. معامل المرونة الحجمي يعرف $K = -\frac{dp}{\frac{dV}{V}}$ وضح أن هذه المعادلة مكافئة للمعادلة $K = +\frac{dp}{\frac{d\rho}{\rho}}$

**الحل:**

تشير علامة السالب في المعادلة 2-7 إلى أن زيادة الضغط تؤدي إلى انخفاض الحجم.

6. علل لماذا يتكور الزئبق عند سكبه على طاولة زجاج حين ينتشر الماء عليه تماماً.

**الحل:**

يلاحظ أن صب كمية من الزئبق وسكبه فوق سطح من الزجاج الأملس النظيف (مثل طاولة الزجاج النظيفة)يجعله ينقسم إلى قطرات صغيرة كروية الشكل ، وذلك نسبة لفعل قوى التوتر السطحى التي تعمل على إنقاص مساحة السطح المعرض للزئبق مما يعلل تكور الزئبق فوق الزجاج حال انتشار الماء عليه.

7. عدد خواص الموائع. (جامعة السودان للعلوم والتكنولوجيا، 2002)

**الحل:**

من خواص الموائع :كثافة المائع، والوزن النوعي، والكثافة النسبية، والانضغاطية، وضغط البخار، والتوتر السطحي، والخاصية الشعرية، واللزوجة.

8. فرق بين القابلية للإنضغاط ومعامل المرونة الحجمي. (جامعة السودان للعلوم والتكنولوجيا، 2002)

**الحل:**

تعرف قابلية الموائع انضغاطية على أنها مقلوب معامل المرونة الحجمي، أو هي مقدار تغير الحجم أو الكثافة مع الضغط.

9. إذا علمت أن معامل المرونة الحجمي للماء يساوي $2.07 \times 10^6 kN/m^2$ عند الظروف القياسية الجوية. جد الزيادة المطلوبة في الضغط $\Delta P$ على كتلة معينة من الماء وذلك لانقاص الحجم بمقدار 1% عند نفس درجة الحرارة. (جامعة السودان للعلوم والتكنولوجيا، 2002)

**الحل:**

المعطيات: معامل المرونة الحجمي $= 2.07 \times 10^6 kN/m^2$ ، نقص الحجم = 1%

درجة الحرارة = ثابت

$$k = -\frac{\Delta P}{\frac{\Delta V}{V}} = 2.07x10^6$$

$$2.07x10^6 = -\frac{\Delta P}{\frac{-1}{100}}$$

مرثم الزيادة المطلوبة في الضغط $\Delta P$ على كتلة الماء = 20,7 كيلو نيوتن

10. عرف خاصية التناقص في السوائل الساكنة. (جامعة السودان للعلوم والتكنولوجيا، 2002)

**الحل:**

تحتوي الموائع الثكسوتروبية على بنية يسهل كسرها مع الزمن وذلك عند قصها بمعدل معين حتى بلوغ الإتزان. إن القوى الداخلية (التي تعمل على إعادة بناء البنية) تساوي القوى العاملة عند حدوث الإتزان. ويظهر فى هذا النوع من الموائع تخلف أنشوطي hysterisis عند زيادة معدل القص، إلى أن يصل أقصاه عندها يبدأ فى التناقص مع الزمن إلى أن يصل الى أقل قيمة.

11. ما ظاهرة التكهف. (جامعة السودان للعلوم والتكنولوجيا، 2002)

**الحل:**

عند انخفاض ضغط السائل إلى ما دون ضغط البخارفي منطقة ما تتشكل فقاعات من البخار للسائل المنساب فيما يعرف بظاهرة التكهف. تصنيف التكهف من حيث السلوك إلى تكهف عطالي (عابر) وتكهف لاعطالي. التكهف العطالي عملية تنشأ فيها فجوة أو فقاعة في السائل وتتراكب بشكل سريع مما يؤدي إلى موجة صدم (مثلاً في المضخات ومحركات الدفع وأنسجة النباتات الشعيرية). .التكهف اللاعطالي عملية تتأرجح فيها فقاعة في السائل وتهتز في حجمها أو شكلها بسبب طاقة خارجية مثل الموجات الصوتية (مثلاً في حمامات التنظيف فوق الصوتية والمضخات).

12. عرف علم ميكانيكا الموائع –اذكر التطبيقات العلمية لهذا العلم في المجالات الهندسية المختلفة. (جامعة السودان للعلوم والتكنولوجيا، 2001)

**الحل:**

علم ميكانيكا الموائع تخصص يعني أساسا بتحديد الكميات الفيزيائية الخاصة بالموائع (السوائل والغازات) ودراسة السلوك الفيزيائي الظاهري لها في حالتي سكونها أو حركتها. لعلم ميكانيكا الموائع عدة تطبيقات في المجالات الهندسية منها:

1- تقديم طرق دراسة المنشآت الهيدروليكية وتصميمها (السدود، والقني، والهدارات، وأنابيب ضخ السوائل المختلفة).

2- تجهيز الماء للمدن، ودراسات الري، وتصميم شبكات الأنابيب في المصانع، وتصميم المضخات والمعدات الصناعية المختلفة كالمضخات والمكابس الهدروليكية

3- تقدم المعلومات اللازمة لفهم أنظمة التحكم الهدروليكي اليدوي والأوتماتيكي للمهندسين الكهربائيين واستخدامها في آلات القطع والطائرات والصواريخ وآلات النقل والرفع ، ومكننة الانتاج الزراعي والصناعي... إلخ.

4- يركز كل خريج هندسي على ناحية معينة من ميكانيكا الموائع حسب الاختصاص.

13. فرق بين (اذكر الوحدات) لكل: الحجم النوعي والوزن النوعي، والوزن والكتلة.
(جامعة السودان للعلوم والتكنولوجيا، 2001)

الحل:

يبين الجدول التالي تعريف الحجم النوعي والوزن النوعي، والوزن والكتلة والوحدات لكل منها.

| | الحجم النوعي | الوزن النوعي | الوزن | الكتلة |
|---|---|---|---|---|
| التعريف | مقلوب الكثافة | وزن وحدة الحجم | الكتلة×عجلة الجاذبية | مقدار فيزيائي لما يحويه الجسم من مادة |
| الوحدات | م$^3$/كجم | نيوتن/م$^3$ | نيوتن | كيلو جرام |

14. جسم كتلته 50kg إذا علمت أن جاذبية القمر تساوي 1/6 جاذبية الأرض – كم يكون وزن الجسم على سطح الارض وسطح القمر. (جامعة السودان للعلوم والتكنولوجيا، 2001)

الحل:

- المعطيات: كتلة الجسم =50kg، جاذبية القمر = 1/6 جاذبية الأرض
- وزن الجسم على سطح الارض    = كتلة الجسم × عجلة الجاذبية على سطح الارض = 50 كجم × 9.81 م/ث$^2$ = 490.5 نيوتن
- وزن الجسم على سطح القمر = كتلة الجسم × عجلة الجاذبية على سطح القمر = 50 كجم × 9.81 م/ث$^2$ ÷ 6 = 81.75 نيوتن

15. عرف الكثافة، الكثافة النسبية (اكتب الوحدات لكل). (جامعة السودان لل   علوم والتكنولوجيا، 2006)

الحل:

يبين الجدول التالي تعريف الكثافة، الكثافة النسبية والوحدات لكل منها.

| | الكثافة | الكثافة النسبية |
|---|---|---|
| تعريف | كتلة وحدة الحجم | نسبة ب ين كثافة السائل وكثافة الماء عند 4° مئوية |
| الوحدات | كجم/م$^3$ | عديمة الأبعاد (الوحدة) |

16. فسر لماذا تزيد لزوجة الغاز عند زيادة درجة الحرارة. (جامعة السودان للعلوم والتكنولوجيا، 2006)

الحل:

بالنسبة للغازات فإن القوة الناتجة عن حركية الجزيئات كبيرة (جزيئات الغازات في حالة حركة دائماً)، بينما قوة التماسك بين الجزيئات ضعيفة لهذا فإن القوة المهيمنة هي قوة حركة الجزيئات، فزيادة درجة الحرارة تزيد من حركة الجزيئات بما يزيد هذه القوة، وعليه فإن لزوجة الغازات تزيد مع زيادة درجة الحرارة.

17. فرق بين العلوم والتكنولوجيا، أذكر أمثلة مستشهداً بعلم ميكانيكا الموائع. (جامعة السودان للعلوم والتكنولوجيا، 2007)

الحل:

يبين الجدول التالي أهم الفروقات بين العلوم والتكنولوجيا.

| | العلوم | التكنولوجيا |
|---|---|---|
| | المعرفة النظرية وقوانين النتاج الفكري. | التطبيق العملي والأداء. |
| الغرض منها | فهم الأشياء والأحداث | نشر ا لمعارف و اكتساب |

23

| | | |
|---|---|---|
| | والظواهر الملاحظة والبحث العلمي والاستكشاف. | المهارات و تعلم أساليب الصناعة. |
| النتيجة | المعرفة العلمية (قوانين ، وحقائق، و نظريات، ومفاهيم). | صنع المنتوجات والأدوات والأجهزة واستخدام المفيد منها في حل المشكلات المجتمعية والثقافية وغيره. |
| المجال | في الغالب محددة وموجه نحو تخصص بعينه. | ربما تنتج بطريقة ممنهجة أو غير ذلك وقد لا تحصر في مجال محدد. |
| أمثلة من علم ميكانيكا الموائع | الديناميكا الهوائية والانسياب السطحي. | الطبقة الحدية. |

18.     ما الصفات و الخصائص التي تميز المائع المثالي.      (جامعة السودان للعلوم والتكنولوجيا، 2007)

الحل:

الصفات و الخصائص التي تميز المائع المثالي     تتمثل في   لزوجة المائع ومقاومته للانسياب.

19.     ما تأثير درجة الحرارة علي لزوجة الموائع.    (جامعة السودان للعلوم والتكنولوجيا، 2007)

الحل:

بالنسبة للسوائل فإن اللزوجة تقل مع ازدياد درجة الحرارة. أما بالنسبة للغازات فإن لزوج تها تزيد مع زيادة درجة الحرارة.

24

20. السوائل تعتبر موائع غير منضغطة بينما الغازات تعتبر موائع منضغطة، علل. (جامعة السودان للعلوم والتكنولوجيا، 2007)

**الحل:**

الموائع غير قابلة للانضغاط حيث لا تتغير كثافتها بتغير الضغط الواقع عليها . أما الغازات فتتغير كثافتها بتغير الضغط الواقع عليها.

21. العلاقة العامة بين إجهاد القص والسرعة المتدرجة لمائع يمكن كتابتها بالصورة الآتية: $\tau = A\left(\frac{du}{dy}\right)^n + B$ (جامعة السودان للعلوم والتكنولوجيا، 2007)

إذا كانت n, B, A عبارة عن ثوابت علق عل ى قيم هذه الثوابت التي تجعل المائع يتصرف كالآتي: مائع نموذجي (مثالي)، ومائع نيوتوني، ومائع غير نيوتوني. (جامعة السودان للعلوم والتكنولوجيا، 2007)

**الحل:**

| قيم الثوابت للمائع | A | B | n |
|---|---|---|---|
| مائع نموذجي (مثالي) | 0 | ثابت | 0 |
| مائع نيوتوني $\tau = -\mu \frac{du}{dy}$ | $-\mu$ | 0 | 1 |
| مائع غير نيوتوني | K | 0 | n the flow behavior index |

## 2 – 16 – 2 تمارين تطبيقية

1) كثافة نوع معين من الموائع  800 كجم/م$^3$. جد الكثافة النوعية والوزن النوعي للمائع.

**الحل:**

- المعطيات: كثافة المائع = 800 كجم/م$^3$
- جد الكثافة النوعية

$$s.g = p_t/p_w = 800/1000 = 0.8$$

- جد الوزن النوعي للمائع

$$\gamma = pg = 0.8 \times 1000 \times 9.81 = 7848 \ N/m^3$$

2) جد كثافة غاز ثاني أكسيد الكربون ووزنه النوعي وحجمه النوعي على ضغط مطلق 400 كيلو نيوتن/م$^2$ ودرجة حرارة 25°م

**الحل:**

- المعطيات: T = 25°م      p = 400 كيلونيوتن/م2
- جد الوزن الجزيئي للغاز

$$MW_{CO2} = 12 + 2*16 = 44$$

- جد ثابت الغاز

$$R = \lambda/MW = 8312/44 = 188.9$$

- جد كثافة الغاز

$$\rho = \frac{p}{RT} = \frac{400 * 1000}{188.9 * (25 + 273.16)} = 7.1 \ \frac{kg}{m^3}$$

- جد الوزن النوعي

$$\gamma = \rho g = 7.1 \times 9.81 = 69.7 \text{ N/m}^3$$

- جد الحجم النوعي

$$\gamma = 1/\rho = 1/0.71 = 0.14 \text{ m}^3/\text{kg}$$

(3) أحسب الحجم النوعي لسائل حجمة $6m^3$ و وزنه $45KN$. . (جامعة السودان للعلوم والتكنولوجيا، 2007)

الحل:

(4) غاز على ضغط 0.102 مجا باسكال وحرارة 20°م له كثافة 0.667 كجم/م$^3$. أوجد كتلته الجزيئية النسبية

الحل:

- المعطيات: $p = 0.102 \times 10^6$ باسكال، $h = 520$ م، $T = 20$ درجة، $\rho = 0.667$ كجم/م$^3$

- جد ثابت الغاز

$$R = \frac{p}{\rho T} = \frac{0.102 \times 106}{0.667 \left(25 + 273.16\right)} = 572.89$$

- جد الوزن الجزيئي النسبي،

$$MW = \frac{\lambda}{R} = \frac{8312}{512.89} = \underline{\underline{16.2}}$$

(5) غاز هيدروكربوني كثافته 2.55 جم لكل لتر عند 100°م وضغط جوي واحد. أوضح التحليل الكيميائي أن في تركيب هذا الغاز هناك ذرة كربون لكل ذرة هيدروجين. جد الصيغة الكيميائية لهذا الغاز.

الحل:

- المعطيات: $T = 100 + 273 = 373$ كلفن، $P = 1 \text{ atm}$، كثافة الغاز $\rho_g = 2.55$، ثابت الغاز $R = 0.082$

27

- من المعادلة احسب كثافة الغاز $D_g = \frac{AMWxP}{\bar{n}RT}$
- احسب الوزن الجزيئي الظاهري من المعادلة:

$$AMW = \frac{D_g RT}{P} = \frac{2.55 \; x \; 0.0821 \; x \; 373}{1} = 78$$

- افرض الصيغة الكيميائية للمركب: $C_nH_n$ ولحساب n استخدم قيمة الوزن الجزيئي الظاهري

78 = nx12 + nx1 n = 6,     n = 78/13 = 6

- وبالتالي تصبح الصيغة الكيميائية للمركب $C_6H_6$

6) غاز له التركيب التالي:

| المكون | المول الكسري ($n_i$) |
|---|---|
| الميثان | 0.89 |
| الإيثان | 0.05 |
| البروبان | 0.02 |
| البيوتان | 0.01 |
| البنتان | 0.03 |

احسب الوزن الكسري ($w_{ti}$) والوزن الجزيئي الظاهري والكثافة النسبية لهذا الغاز.

**الحل:**

| تركيب الغاز المكون | الصيغة الكيميائية | المول الكسري ($n_i$) |
|---|---|---|
| الميثان | $CH_4$ | 0.89 |
| الإيثان | $C_2H_6$ | 0.05 |

| | | |
|---|---|---|
| البروبان | $C_3H_8$ | 0.02 |
| البيوتان | $C_4H_{10}$ | 0.01 |
| البنتان | $C_5H_{12}$ | 0.03 |

الوزن الكسري $W_{ti}(\%) = \frac{n_i MW_i}{\sum W_{ti}}$

الوزن الجزيئي الظاهري: $AMW = \sum n_i MW_i$ ، الكثافة النسبية: $s.g = \frac{AMW}{29}$ ،

ويظهر الحل على الجدول التالي:

| الصيغة الكيميائية | MWi | المول الكسري ($n_i$) | Wti = nixMW | $W_{ti}(\%) = \frac{n_i MW_i}{\sum W_{ti}}$ |
|---|---|---|---|---|
| $CH_4$ | 16 | 0.89 | 14.24 | 73.6 |
| $C_2H_6$ | 30 | 0.05 | 1.5 | 7.7 |
| $C_3H_8$ | 44 | 0.02 | 0.88 | 4.5 |
| $C_4H_{10}$ | 58 | 0.01 | 0.58 | 3 |
| $C_5H_{12}$ | 72 | 0.03 | 2.16 | 11.2 |
| | | | 19.36 | 100 |

الوزن الجزيئي الظاهري:

$$AMW = \sum n_i Mw_i = \sum W_{ti} = 19.36$$

الكثافة النسبية للخليط: $s.g = \frac{AMW}{29} = \frac{19.36}{29} = 0.668$

7) غاز طبيعي يحتوي على 90% بالحجم ميثان وإيثان و 10% بالحجم بروبان. إذا كانت الكثافة النسبية للغاز هي 0.75 احسب النسبة المئوية لمكونات هذا الغاز بالحجم، وبالوزن، وبالمول؟

**الحل:**

مكونات الغاز:

$$V\% = \frac{V_i}{\sum V_i} x100 = \frac{n_i}{\sum n_i} x100 = mole\ \% = n_i\ \%$$

المكون بالحجم = V %، المكون بالمول = n %، المكون بالوزن = W %

$$W_{ti}(\%) = \frac{W_{ti}}{\sum W_{ti}} x100 \quad W_{ti} = n_i x MW_i$$

انظر الجدول التالي:

| المكون | الصيغة الكيميائية | MWi | V % | $(n_i)$ % | $W_{ti}$ | $W_{ti}$ % |
|---|---|---|---|---|---|---|
| الميثان | $CH_4$ | 16 | 45 | 45 | 7.2 | 38.3 |
| الايثان | $C_2H_6$ | 30 | 45 | 45 | 7.2 | 38.3 |
| البروبان | $C_3H_8$ | 44 | 10 | 10 | 4.4 | 23.4 |
| | | | | | 18.8 | 100 |

8) غاز مكوناته كالآتي:

| المكون | الكسر المول |
|---|---|
| $CO_2$ | 0.006 |
| $CH_4$ | 0.8811 |
| $C_2H_6$ | 0.0601 |
| $C_3H_3$ | 0.0506 |
| Iso $C_4H_{10}$ | 0.0011 |
| $C_4H_{10}$ | 0.0011 |

احسب معامل الحيود لهذا الخليط (Z) عند 235°ف و 1000 Psia؟

- احسب الزيادة في الضغط داخل فقاعة هواء كروية نصف قطرها 0.01 سم داخل (i) ماء (ii) زئبق.
- احسب معامل المرونة الحجمي للماء عند 20°م وضغط قدره 6 مجانيوتن/م$^2$.

**الحل:**

لحساب معامل الحيود لهذ الخليط تحتاج إلى قيم الضغط الحرج ودرجة الحرارة الحرجة للمكونات الغاز الطبيعي وهي كالآتي:

| المكون | الضغط الحرج psia | درجة الحرارة الحرجة | الكسر المول ni | niPci | niTci |
|---|---|---|---|---|---|
| $CO_2$ | 1073 | 548 | 0.006 | 6.438 | 3.288 |
| $CH_4$ | 673 | 344 | 0.8811 | 593 | 303.1 |
| $C_2H_6$ | 712 | 549 | 0.0601 | 42.79 | 32.995 |
| $C_3H_3$ | 617 | 666 | 0.0506 | 31.22 | 33.7 |
| Iso $C_4H_{10}$ | 544 | 732 | 0.0011 | 0.598 | 0.805 |
| $C_4H_{10}$ | 551 | 766 | 0.0011 | 0.606 | 0.843 |
| | | | | $\sum niPci = 674.65$ | $\sum niTci = 374.73$ |

احسب الضغط الحرج من العلاقة: $Pc = \sum niPci = 674.65$

احسب درجة الحرارة الحرجة من العلاقة: $Tc = \sum niTci = 374.73$ $T = 235 + 460 = 695$

درجة الحرارة المخفضة $T_R = \frac{T}{T_c} = \frac{695}{374.73} = 1.85$

الضغط المخفض $P_R = \frac{P}{P_c} = \frac{1000}{674.65} = 1.48$

وباستخدام منحنى معامل الحيود للغازات الطبيعية نجد أن: $z = 0.95$

احسب معامل المرونة الحجمي للماء عند 20°م وضغط قدره 6 مجا نيوتن/م$^2$.

9) أنبوب زجاجي نظيف مفتوح قطره 4 ملم غمر رأسياً في إناء به زئبق على درجة حرارة 20 درجة مئوية.

- جد الانخفاض في عمود الزئبق داخل الأنبوب،
- جد الارتفاع في المستوى إذا كان السائل ماء على نفس درجة الحرارة (الإجابة: 2.3 ملم، 3.6 ملم)

**الحل:**

- المعطيات: $D = 4$ ملم، $T = 20$ °مئوية
- لدرجة الحرارة 20 درجة جد من الجداول: $\sigma = 0.484$ نيوتن/م، $\rho = 13550$ كجم/م$^3$، $\phi = 130$ للزئبق والزجاج
- جد الإنخفاض في الزئبق

$$\lambda = \frac{4\,\sigma\,\cos\,\theta}{\gamma D} = \frac{4 \times 0.484 \quad \cos\,130}{13550 \quad \times 9.81 \times 4 \times 10^{-3}} = \underline{\underline{2.34\ mm}}$$

- إذا كان السائل ماء $\theta = 0$

$$h = \frac{4 \times 0.484 \quad \cos\,0}{13550 \quad \times 9.81 \times 4 \times 10^{-3}} = \underline{\underline{3.64\ mm}}$$

10) إذا كان منحنى السرعة بالقرب من حدود السريان يمثل بالمعادلة: $u = 144\,y^2 - 72y$ — حيث $u$ هي السرعة بالمتر/ثانية، و $y$ هي المسافة من الحدود بالأمتار فما ميل السرعة:

(أ) عند الحدود (ب) عند $y = 3.8$ سم (ج) عند $y = 7.6$ سم.

**الحل:**

- المعطيات: معادلة منحنى السرعة بالقرب من حدود السريان ، والمسافة من الحدود.
- بتفاضل المعادلة يمكن ايجاد ميل السرعة $\frac{du}{dy} = 288\,y - 72$

$$\frac{du}{dy} = 288 \ x \ 0 \ - 72 \ = 72 \ m \ / \ s^{2}$$

○   عند y = 0 م،

$$\frac{du}{dy} = 288 \ x \ 0.038 \ - 72 \ = \ m \ / \ s^{2}$$

○   عند y = 0.038 م،

$$\frac{du}{dy} = 288 \ x \ 0.076 \ - 72 \ = \ m \ / \ s^{2}$$

○   عند y = 0.076 م،

11)   اللزوجة المطلقة عند أي درجة حرارة t تعطى بالمعادلة $m = \dfrac{m_{0}}{1 + at + bt^{2}}$

احسب لزوجة الماء عند 20 °م إذا كانت a = 0.033368 وكانت قيمة a

= 0.000221 وكانت قيمة اللزوجة عند درجة الصفر $\mu_{0}$ = 0.0179 بويز

(الإجابة: 10.195 × $10^{-3}$ بويز)

الحل:

المعطيات: معادلة اللزوجة المطلقة عند أي درجة حرارة ، a = 0.033368 ، a =
0.000221

$$\mu = \frac{\mu_{0}}{1 + at + bt^{2}} = \frac{0.0179}{1 + 0.033368 \ x \ 20 + 0.000221 \ (20)^{2}}$$

$$= 10.195 \ x \ 10^{-3} \ poise$$

12)   اللزوجة الديناميكية للماء عند 20°م قدرها 1 كجم/م.ث ، جدها بوحدة
نيوتن.ث/م².

الحل:

○   المعطيات: اللزوجة الديناميكية للماء = 1 كجم/م.ث، حرارة للماء = 20°م

○   اللزوجة الديناميكية للماء =1 كجم/م.ث * عجلة الجاذبية = 1 كجم/م.ث*9.81
م/ث² =9.81 نيوتن.ث/م²

33

13) لوح يبعد 0.4 ملم عن لوح أخر ثابت يتحرك بسرعة 0.4 م/ث، ويحتاج إلى قوة 3 نيوتن لوحدة المساحة للحفاظ على سرعته. جد لزوجة المائع المحصور بين اللوحين.(الإجابة: 0.003 باسكال.ث)

**الحل:**

- المعطيات: dy = 0.4 ملم، dv = 0.25 م/ث، F/A = 1.8 N
- جد اللزوجة من المعادلة

$$\mu = \frac{F/A}{dv/dy} = \frac{3}{0.4/0.4\times10^{-3}} = 3\times10^{-3}\ pa.s$$

14) اللزوجة الكينامتيكية والكثافة النسبية لمائع معين هما $3\times10^{-4}$ م$^2$/ث و 0.8 على الترتيب. جد اللزوجة الديناميكية للسائل بوحدات نظام SI (الإجابة: $2.4\times10^{-4}$ نيوتن.ث/م$^2$).

**الحل:**

- المعطيات: $\nu = 3\times10^{-4}$ م$^2$/ث ، s.g. = 0.8
- جد اللزوجة الديناميكية من المعادلة: $\mu = \nu\times\rho$

$$\mu = 3\times10^{-4}\times0.8\times1000 = 2.4\times10^{-4}\ Ns/m^2$$

15) يصل الضغط على عمق بعيد في البحر إلى حوالي 50 مجا باسكال. بافتراض أن الوزن النوعي على السطح 10 كيلو نيوتن/م$^3$ والمعامل الحجمي المتوسط للمرونة 3 ججا باسكال، جد:

- التغير في الحجم النوعي بين السطح والعمق قيد الذكر
- الحجم النوعي على ذلك العمق
- الوزن النوعي على ذلك العمق (الإجابة: $1.6\times10^{-5}$ م$^3$/كجم، $9.6\times10^{-4}$ م$^3$/كجم، 10.2 كيلو نيوتن/م$^3$)

**الحل:**

- المعطيات: $p = 50\times10^6$ pa ،$\gamma_1 = 10$ kN/m$^3$ ،EV = $3\times10^9$ pa

$$v_1 = \frac{1}{\rho_1} = \frac{g}{\gamma_1} = \frac{9.81}{10\times10^3} = 9.81\times10^{-4}\ m^3/kg$$

- استخدم المعادلة $EV = \dfrac{-dp}{\dfrac{d\forall}{\forall_1}}$

$$3\times10^9 = -\frac{50\times10^6}{\dfrac{dV}{9.1\times10^{-4}}} \Rightarrow dV = -1.63\times10^{-5}\ m^3/kg$$

$$V_2 = V_1 + dV = 9.81\times10^{-4} - 1.63\times10^{-5} = 9.6465\times10^{-4}\ m^3/kg$$

$$\gamma_2 = \frac{g}{V_2} = \frac{9.81}{9.6465\times10^{-4}} = 10.17\ kN/m^3$$

16) بين نوع الدفق للمائع التالي عند انسيابه على درجة حرارة ثابتة:

| $\frac{du}{dy}$ نقية/ث | 0 | 2 | 3 | 4 | 5 | 6 |
|---|---|---|---|---|---|---|
| τكيلو باسكال | 1 | 4 | 6 | 7 | 6.5 | 5.5 |

**الحل:**

ارسم تغير جهد القص τ مع قيم ممال السرعة $\frac{du}{dy}$ وحدد من شكل المنحنى نوع الدفق.

17) إذا كان منحنى السرعة u في أنبوب معطى بالمعادلة:

$u = v\left(1 - \left(\frac{r}{R}\right)^2\right)$ حيث: u السرعة عند أي نقطة في الأنبوب، v أكبر سرعة عند المحور، R نصف قطر الأنبوب، r المسافة القطرية من المحور؛ أوجد ميل السرعة

$\frac{du}{dr}$. جد جهد القص τ عند الحائط عندما تكون 6.1v سم$^2$/ثانية، الكثافة النسبية s تساوي 0.97، وأكبر سرعة عند المحور v 6.1 متر/ثانية، ونصف قطر الأنبوب R 15 سم. (الإجابة: 48.15 نيوتن/م$^2$)

**الحل:**

(a)
$$u = V\left[1 - \left(\frac{V}{R}\right)^2\right] = V - \left(\frac{V}{R}\right)V^2$$

$$\frac{du}{dr} = \sigma - \frac{2r}{R^2}V = \frac{2Vr}{R}$$

(b) $$\tau = \mu\frac{du}{dv}$$

عند الحائط r = R

$$\therefore \tau = \mu \times 2V\frac{R}{R^2} = \frac{2\mu V}{R}$$

$$\mu = \rho v = 10^3 \times 0.97 \times \frac{6.1}{10^3} = 0.592\frac{kgr}{m\ sec}$$

$$\therefore \tau = \frac{0.592 \times 2 \times 6.1}{0.15} = \underline{\underline{48.15}}\ N/m^2$$

18) احسب الزيادة في الضغط داخل فقاعة هواء نصف قطرها 0.01 سم

- داخل ماء σ تساوي 0.074 نيوتن/م
- داخل زئبق σ تساوي 0.51 نيوتن/م (الإجابة: $14.8\times10^2$ نيوتن/م$^2$، $102\times10^2$ نيوتن/م$^2$)

**الحل:**

(a) الزيادة في الضغط (للماء)

$$P\times A = (P_i - P_0)A = P\times\frac{\pi d^2}{4} = P\times\frac{3.14}{4}\times\frac{0.02^2}{10^4}$$

المقاومة على محيط الدائرة = σπd

أي بالمساواة $\frac{\pi d^2}{4} \times P = \sigma \pi d$

$$\therefore P = \frac{4\sigma}{d} = \frac{0.074 \times 4}{0.02 \times 10^{-2}} = 14.8 \times 10^{2} \frac{N}{m^2}$$

(b) بالنسبة للزئبق

$$P = \frac{4\sigma}{d} = \frac{4\sigma}{2R} = \frac{2\sigma}{R} = \frac{2 \times 0.51 \times 10^{2}}{0.01} = 2 \times 0.51 \times 10^{4}$$

$$\therefore P = \underline{\underline{102 \times 10^{2}}} N/m^{2}$$

19) بعد اختبار أجري على مائعين ( أحدهما غاز الاكسجين والآخر ماء) توفرت لدينا المعلومات التالية:

المائع الأول:

$P_1 = 20kN/m^2 \quad V_1 = 5m^3 \quad E = ?$

$P_2 = 60kN/m^2 \quad V_2 = 3m^3$

المايع الثاني:

$P_1 = 20kN/m^2 \quad V_1 = 5m3 \quad E = ?$

$P_2 = 20kN/m^2 \quad V_2 = 4.99995\ m^3$

(أ) جد معامل المرونة الحجمي (E) لكل من المائعين.

(ب) ميز كل من المائعين (أيهما الغاز وأيهما السائل) وعلل لما تقول.

(ج) أي المائعين أكبر انضغاطية وكم تكون النسبة بينهما. (جامعة السودان للعلوم والتكنولوجيا، 2001)

**الحل:**

(أ) جد معامل المرونة الحجمي للمائع الأول

$$k = -\frac{\Delta P}{\frac{\Delta V}{V}} = \frac{P_2 - P_1}{\frac{V_2 - V_1}{V_1}} = -\frac{60 - 20}{\frac{3-5}{5}} = 100_{N/m2}$$

جد معامل المرونة الحجمي للمائع الثاني

$$k = -\frac{\Delta P}{\frac{\Delta V}{V}} = \frac{P_2 - P_1}{\frac{V_2 - V_1}{V_1}} = -\frac{20 - 20}{\frac{4.99995 - 5}{5}} = 0_{N/m2}$$

(ب) م ن نتائج معامل المرونة الحجمي لكل من المائعين يتبين أن أول هما غاز وثانيهما سائل) لكبر معامل المرونة الحجمي للأول وانعدامه للثاني.

(ج) انضغاطية الموائع فهي مقلوب معامل المرونة الحجمي

$$\kappa = 1/k$$

من ثم انضغاطية المائع الأول = 1/100 = 0.01

ولا توجد انضغاطية للثاني

ومن ثم تكون النسبة بينهما غير محسوبة.

20) في الشكل النقطة A تقع تحت سطح السائل ( S = 1.25) مسافة 53سم ، جد مقدار الضغط للمقاس عند A إذا ارتفع الزئبق ( S = 13.52) في الأنبوب مسافة 34 سم. (جامعة السودان للعلوم والتكنولوجيا، 2001)

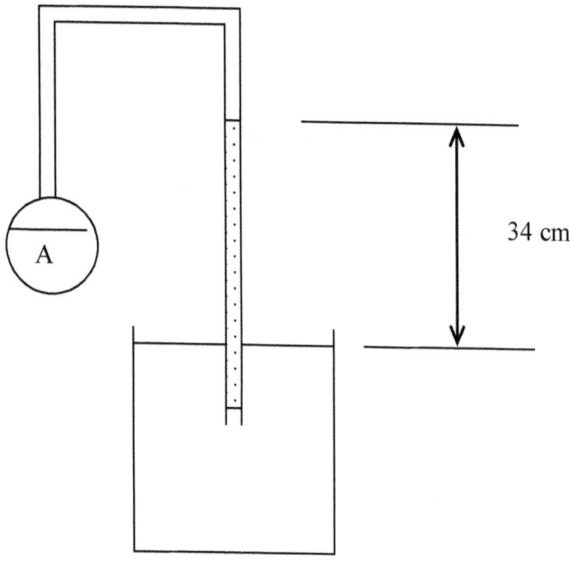

A
34 cm

**الحل:**

- المعطيات: النقطة A تقع تحت سطح السائل مسافة = 53سم، S للسائل = 1.25، S للزئبق = 13.52، ارتفاع الزئبق في الأنبوب = 34 سم.

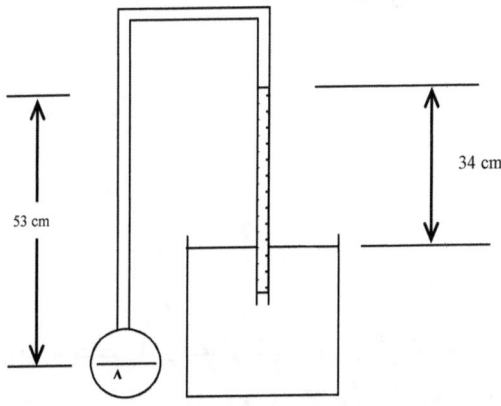

$P_A - \rho_f g h_f + \rho_m g h_m = 0$

$P_A - 1.25*10^3 * 9.81 * 0.53 + 13.52*10^3 * 9.81 * 0.34 = 0$

$P_A = -38.6$ kPa

**21) مائع كتلته 1200kg وحجمه $0.952m^3$ جد الكثافة والوزن النوعي والكثافة النسبية لهذا المائع. (جامعة السودان للعلوم والتكنولوجيا، 2006)**

**الحل:**

- المعطيات: كتلةالمائع =1200kg وحجمه =$0.952m^3$
- جد كثافة المائع = الكتلة ÷ الحجم = 1200 ÷0.952 =1260.5 كجم/م$^3$
- جد الوزن النوعي للمائع
- جد الكثافة النسبية للمائع.

- جد الوزن النوعي للمائع

$\gamma = \rho g = 1260.5 \times 9.81 = 12.4 kN/m^3$

- جد الكثافة النسبية

$s.g = \rho_t/\rho_w = 1260.5/1000 = 1.2$

22) تعرض سائل لضغط مقداره 690kpa وتغير حجمه 0.035% جد معامل المرونة الحجمي لهذا السائل. (جامعة السودان للعلوم والتكنولوجيا، 2006)

**الحل:**

- لمعطيات: ضغط السائل = kPa690 حجم السائل =0.035%

23) ما قطر الأنبوب الزجاجي الذي يعطي تغير في ارتفاع الماء لا يتجاوز 1 مم ($\sigma$=0.07N/m) (جامعة السودان للعلوم والتكنولوجيا، 2006)

**الحل:**

المعطيات: ارتفاع الماء =1 مم، التوتر السطحي$\sigma$=0.07N/m

استخدم معادلة التوتر السطحي،بالنسبة للماء والزجاج تكاد تكون زاوية التلامستساوي صفر ومن ثم فإن الارتفاع الشعري للماء في الأنبوب الزجاجي يكون :

$$h = \frac{4\sigma}{\gamma d} = 1\,mm = 0.001\,m$$

$$0.001 = \frac{4 * 0.07}{1000 * d}$$

ومن ثم قطر الأنبوب الزجاجي = 0.28 م

24) عرف الموائع النيوتونية. أثبت قانون نيوتن للزوجة. العلاقة التالية تعطي توزيع السرعة لجريان صفحي في أنبوبة قطرها R أوجد قيمة إجهاد القص عند كل من جدران الأنبوب و محورها.

$$u(r) = u_{max} \left( 1 - \frac{r^2}{R^2} \right)$$

حيث u تمثل السرعة عند 1 من المحور $u_{max}$ السرعة العظمي. (جامعة السودان للعلوم والتكنولوجيا، 2007)

الحل:

انظر الفصل 8-2 السريان غير المنضغط من الكتاب.

# الفصل الثالث
# الموائع في حالة سكون
# Fluid Statics

## 3 – 5 تمارين عامة

## 3 – 5 – 1 تمارين نظرية

1) ما دور علماء المسلمين في تقدم علوم الموائع؟

الحل:

برجاء النظر في الأوراق العلمية ذات الصلة من مصادرها.

2) ما المقصود بمائع؟

الحل:

المائع هو عنصر يتشوه باستمرار تحت تأثير أي قوى قص مهما بلغ قدرها وصغرها.

3) ما الفرق بين السائل والغاز؟

الحل:

يبين الجدول التالي مقارنة بين السوائل والغازات (الموائع)

|  | السائل | الغاز |
|---|---|---|
| الشكل | يأخذ شكل الوعاء الذي يوضع فيه | ليس له شكل محدد لكنه يملأ أي فراغ متاح |
| تباعد الجزيئات | الجزيئات بعيدة عن بعضها | الجزيئات قريبة من بعضها |

| | | |
|---|---|---|
| | البعض | البعض |
| قوى التجاذب بين الجزيئات | ضعيفة | شبه معدومة |
| القابلية للانضغاط | سهولة قابليتها للانضغاط | غير قابلة للإنضغاط نسبياً |
| التمدد | تتمدد بلا حدود عند إزالة الضغط الخارجي | قوى التماسك بين الجزيئات تمسكها مع بعضها مما لا يجعلها تتمدد بلا حدود |
| تغير الكثافة | تتأثر الكثافة كثيراً بالتغير في الضغط والحرارة | تغير طفيف على الكثافة عند تغير الضغط والحرارة مع امكانية وجود سطح حر |
| تغير الحجم | لا يتغير | يزيد بزيادة الحرارة |
| الاستجابة لقوى الشد والقص والضغط | لا يقاوم قوى الشد و يقاوم قوى القص والضغط | لا يقاوم قوى الشد والقص بل يقاوم قوى الضغط |

4) ما العوامل المؤثرة على ضغط المائع في الإناء الحاوي له؟

**الحل:**

العمق والكثافة $P = \rho g H$

5) أكتب باختصار من التالي:

- المرواز البسيط.
- مرواز فورتن.
- البارجراف.
- الالتميتر.

**الحل:**

انظر فصل أجهزة قياس الضغط (بارومتر أو مرواز فورتن ومقياس الارتفاع أو الألتيمتر ) في الكتاب.

6) وضح مزايا البارومتر ومناقصه.

**الحل:**

الجدول التالي يبينمزايا البارومترات الزئبقية ومناقصه١.

| | المزايا | المناقص |
|---|---|---|
| البارومتر الزئبقي | الدقة في قياسها للضغط الجوي. | يصعب حملها والتنقل بها من مكان إلى آخر بسبب طولها وثقلها الزائدين وبسبب احتمال اندلاق الزئبق منها.<br>صعوبة استعمالها حيث أنه لا تقرأ إلا وهي في وضع رأسي. |
| البارومتر المعدني | خفيف وعملي للغاية.<br>لا يحتاج إلى عناية خاصة.<br>يمكن أخذ قراءته وهو في أي وضع.<br>تصنع بعض أنواعه بحيث لا يزيد حجمها عن حجم ساعة الجيب. | أقل دقة في القياس. |

7) ما المعني بالغاز المثالي؟

الحل:

الغاز المثالي هو ذلك الغاز الذي يحقق قانون الغاز الخالص المبين في المعادلة    2–35.

$$P = \rho RT$$

8) ما العوامل المؤثرة على ضغط الغاز المثالي؟

الحل:

العوامل المؤثرة على ضغط الغاز المثالي (الحقيقي): الحجم والكمية ودرجة الحرارة.

9) ما العوامل المؤثرة على الضغط في نقطة في مائع ساكن؟

الحل:

الضغط متساو في كل الاتجاهات على نقطة ما في مائع ساكن. ومن ثم فإن الضغط على نقطة في مائع ساكن، أو متحرك، لا تعتمد على الاتجاه ما دامت لا توجد اجهادات قص (قانون باسكال).

10) أذكر منطوق قانون باسكال.

الحل:

الضغط الواقع على أي جزء من سائل محصور في وعاء مغلق ينتقل بكامله وبانتظام إلى جميع أجزاء السائل ويعمل في جميع الاتجاهات

11) ما قانون سكون المائع لتغير الضغط؟

الحل:

الضغط للمائع الساكن غير المنضغط يتغير طردياً مع عمق السائل.

12) ما العوامل المؤثرة على ضغط مائع منضغط وآخر غير منضغط؟

الحل:

في المائع المنضغط تتغير كثافة الغاز بصورة ملحوظة مع تغيرات الضغط والحرارة الضغط للمائع الساكن غير المنضغط يتغير طردياً مع عمق السائل.

## 3-5-2 تمارين عملية

1) ما الضغط بالباسكال إذا كان السمت الموازي   760 ملم (أ) من الزئبق   (ب) من الماء   (ج) زيت وزنه النوعي   8.5 كيلو نيوتن/م$^2$   (د) سائل كثافته  680 كجم/م$^3$. وما الضغط المطلق في كل حالة إذا كان الضغط الجوي 1.01 بار؟

الحل:

المعطيات: السمت الموازي 760 ملم (أ) من الزئبق   (ب) من الماء   (ج) زيت وزنه النوعي 8.5 كيلو نيوتن/م$^2$   (د) سائل كثافته   680 كجم/م$^3$. الضغط الجوي 1.01 بار

$$(1)\ p = \rho gh = 13.6 \times 10^3 \times \frac{9.81 \times 0.76}{1000} = 101.396\ kN\ /\ m^2$$

$$(2)\ p = 10^3 \times \frac{9.81 \times 0.76}{1000} = 7.4556\ kN\ /\ m^2$$

$$(3)\ p = 850 \times 0.76 = 6.46\ kN\ /\ m^2$$

$$(4)\ p = \frac{680 \times 9.81 \times 0.76}{1000} = 5.07\ kN\ /\ m^2$$

(1) $p_{abs} = 101.396 + 101 = 202.396\ kN/m^2$
(2) $p_{abs} = 7.4554 + 101 = 108.4556\ kN/m^2$
(3) $p_{abs} = 6.46 + 101 = 107.46\ kN/m^2$
(4) $p_{abs} = 5.01 + 101 = 106.07\ kN/m^2$

2) أقصى عمق لبحيرة 35 متر ودرجة حرارة مائها 18°م. جد الضغط في أعمق جزء من البحيرة. (الإجابة: 35 كيلو نيوتن/م$^2$)

الحل:

- المعطيات: $h = 35 \text{ m} \quad T = 18°C$

- الضغط في أعمق جزء من البحيرة

$P = \rho gh = 998.6 \times 35 = 35 \text{ kN/m}^2$

3) خزان مقفول به 0.52 م من الزئبق وعليه 2.2 م من الماء وعليه 3.2 م من زيت كثافته النوعية 0.6 وهناك هواء في الجزء الأعلى من الخزان. إذا كان الضغط عند قاعدة الخزان 2.4 بار ، جد ضغط الهواء في أعلى الخزان (الإجابة: 130.2 كيلو نيوتن/م$^2$)

الحل:

- المعطيات: خزان مقفول به 0.52 م من الزئبق وعليه 2.2 م من الماء وعليه 3.2 م من زيت كثافته النوعية 0.6 وهناك هواء في الجزء الأعلى من الخزان. الضغط عند قاعدة الخزان 2.4 بار

- جد ضغط الهواء في أعلى الخزان

$$p = 240 - \left[ 0.52 \times \frac{9.81 \times 13.6 \times 10^3}{1000} + \frac{2.2 \times 9.81 \times 10^3}{1000} + \frac{3.2 \times 0.6 \times 9.81}{1000} \right]$$

$$= 240 - 109.793 = \underline{130.207 \; kN/m^2}$$

4) مبنى ارتفاعه 200 متر. جد نسبة الضغط أعلى المبنى إلى ذلك على قاعدته بافتراض أن الهواء على درجة حرارة 15°م. (الإجابة: 0.98)

الحل:

- المعطيات: $h = 200m = 200$ م، $T = 15$ درجة مئوية، $\gamma = 12$ نيوتن/م$^3$

- جد ثابت غاز الهواء لدرجة حرارة 15°م من جدول 3-3 $n = 2.869 \times 10^2$ J/kg.K
- استخدم المعادلة لايجاد نسبة الضغط أعلى المبنى:

$$\frac{p_2}{p_1} = e^{\frac{-gh}{RT_0}} = e^{\frac{-9.81 \times 200}{2.869 \times 10^2 (15 + 273.16)}} = 0.98$$

5) خزان مفتوح يحوي زيت بكثافة نوعية 0.78 على ماء، إذا كان الزيت 2.5 م وعمق الماء 3.6 م جد ضغط الجهاز والضغط المطلق عند أسفل الخزان إذا كان الضغط الجوي 1 بار. (الإجابة: 54.4، 154.4 كيلو نيوتن/م$^2$)

الحل:

- المعطيات: الكثافة النوعية للزيت = 0.78، عمق الزيت = 2.5 م، عمق الماء = 3.6 م، الضغط الجوي = 1 بار.
- جد ضغط الجهاز والضغط المطلق عند أسفل الخزان

$$p_g = \frac{2.5 \times 0.78 \times 10^3 \times 9.81}{1000} + \frac{3.6 \times 10^3 \times 9.81}{1000} = \underline{\underline{54.4455}} \; kN \, / \, m^2$$

$$p_{abs} = 100 + 54.4455 = \underline{\underline{154.4455}} \; kN \, / \, m^2$$

6) جد النسبة المطلوبة في المسألة (2) أعلاه بافتراض أن الهواء غير منضغط لكثافة = 12 نيوتن/م$^3$ وعلى ضغط 101.3×10$^3$ باسكال. (قيم الهواء للظروف القياسية) (الإجابة: 0.98)

الحل:

المعطيات: كثافة الهواء غير المنضغط = 12 نيوتن/م3، الضغط = 101.3×10$^3$ باسكال.

عندما يكون المائع غير منضغط نستخدم المعادلة $p_2 = p_1 - \gamma h$

$$\frac{p_2}{p_1} = 1 - \frac{\gamma h}{p_1} = 1 - \frac{12 \times 200}{101.3 \times 10^3} = 0.98$$

7) بحيرة في منطقة جبلية على درجة حرارة 5°م، ومقياس الضغط يدل على 60 سم زئبق، والضغط المطلق على أقصى عمق في البحيرة 0.6 مجا باسكال. جد أقصى عمق للبحيرة. (الإجابة: 520 م)

الحل:

المعطيات: درجة الحرارة T=5°م، الضغط = 60 سم زئبق = $P_g = 60 \text{ cm Hg}$ ، الضغط المطلق على أقصى عمق في البحيرة = 0.6 مجا باسكال = $P_a = 0.6 \times 10^6$

الضغط في البحيرة لأي عمق h يوجد من المعادلة

$$P_B = \gamma h + P_a$$

لدرجة حرارة 5 درجة مئوية $\gamma = 999.9$ نيوتن/م$^3$

$$P_B = 0.6 \times 133 \times 10^3 + 999.9\, h = 0.6 \times 10^6$$
$$h = 520 \text{ m}$$

8) صب زيت في أنبوب مائي ذي شعبتين، وكان عمود الزيت 20 سم عند النقطة أ وعمود الماء 17 سم في النقطة ب. جد كثافة الزيت علماً بأن كثافة الماء 1 جم/سم$^3$.

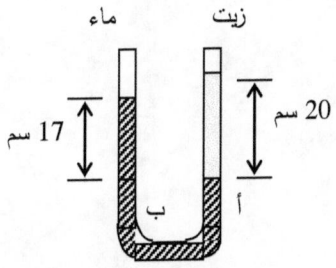

الحل:

المعطيات: الضغط عند النقطة أ = الضغط عند النقطة ب

$P_a + \gamma_\omega(0.17) = \gamma_0(0.2) + P_a$

$\rho_0 = 1 \times (0.17/0.2) = 0.85$

9) في مانومتر زئبقي طول عمود الكحول   12 سم وطول عمود الماء   10.5 سم. جد كثافة الكحول علماً بأن كثافة الماء 1 جم/سم$^3$.

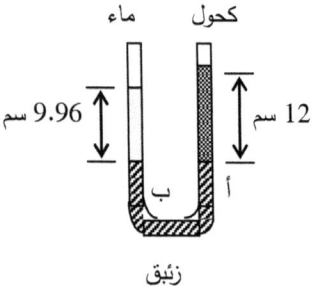

الحل:

المعطيات: طول عمود الكحول = 12 سم، طول عمود الماء = 10.5 سم، كثافة الماء = 1 جم/سم$^3$.

$\gamma_\omega(0.105) = \gamma_a(0.12)$

كثافة الكحول

$$\rho_a = \frac{1 \times 0.0996}{0.12} = \underline{\underline{0.83}}\ g/cm^3$$

10) استعمل جهاز هير Hare لتعيين كثافة الجلسرين. وعند فتح المشبك ومص بعض الهواء من الأنبوب تلاحظ صعود الماء لارتفاع 22.2 سم، وصعود عمود الجلسرين لارتفاع 17.6 سم. جد كثافة الجلسرين علماً بأن كثافة الماء 1 جم/سم$^3$.

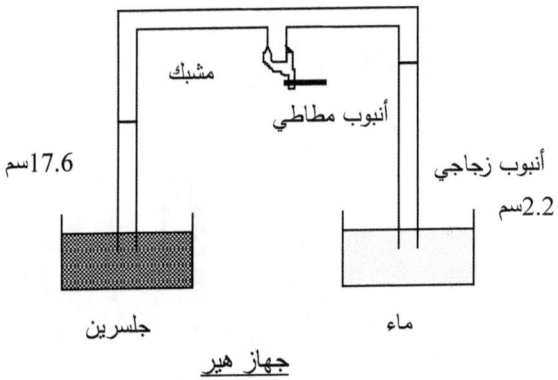

جهاز هير

الحل:

المعطيات:ارتفاع صعود الماء = 22.2 سم، ارتفاع صعود عمود الجلسرين = 17.6 سم، كثافة الماء = 1 جم/سم$^3$.

$$\gamma_\omega(0.222) = \gamma_g(0.176)$$

$$\rho_g = 1 \times \frac{0.222}{0.176} = \underline{1.26}$$

11) أنبوب ذي شعبتين صبت فيه كمية من الماء ثم صب في إحدى شعبتيه عمود من الكيروسين (كثافته النسبية 0.85) طوله 15 سم. احسب المسافة العمودية بين سطحي الماء في الشعبتين.

**الحل:**

المعطيات: كثافة الكيروسين النسبية = 0.85، طول الكيروسين = 15 سم.

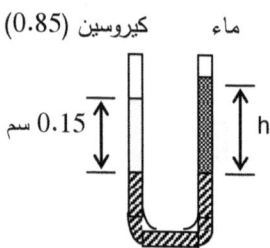

$\gamma_{\omega}(h) = \gamma_k(0.15)$

$h = 0.85\times0.15 = \underline{0.1275}$ m

12) أنبوب ذي شعبتين يحتوي على كمية من الزئبق، صب في إحدى شعبتيه عمود من ماء البحر طوله 20 سم، وفي الأخرى ماء نقي طوله 20.5 سم، وبذلك أصبح سطحا الزئبق في الشعبتين في مستوى واحد. أحسب كثافة ماء البحر.

**الحل:**

المعطيات: طول عمود ماء البحر = 20 سم، طول عمود الماء النقي = 20.5 سم، سطحا الزئبق في الشعبتين في مستوى واحد.

$\gamma_{SALT}(0.2) = \gamma_{\omega}(0.205)$

$\rho_s = \frac{1 \times 0.205}{0.2} = \underline{1.025}$

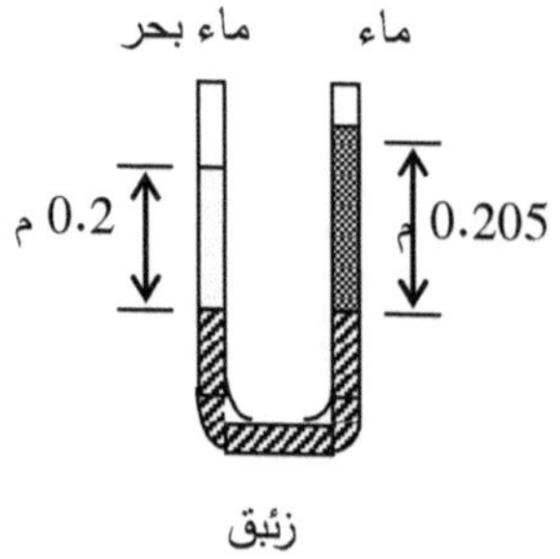

زئبق

13) جد فرق الضغط بين النقطتين أ و ب في المانومتر على شكل U علماً بأن السائل في كل من أ و ب ماء وزنه النوعي 9.81 كيلو نيوتن/م$^3$ والكثافة النوعية للزئبق 13.6. إذا تمت زيادة الضغط في أ بحوالي 8 كيلو باسكال، جد الفرق الجديد في قراءة المانومتر الزئبقي.

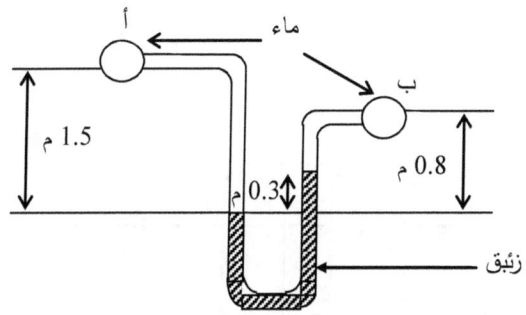

الحل:

المعطيات: وزن الماء النوعي = 9.81 كيلو نيوتن/م$^3$ ، الكثافة النوعية للزئبق = 13.6، زيادة الضغط في أ = 8 كيلو باسكال

$P_A + \gamma_\omega \times 1.5 - \gamma_{Hg} \times 0.3 - \gamma_\omega(0.8 - 0.3) = P_B$

$P_A - P_B = -\gamma_\omega \times 1.5 + \gamma_{Hg} \times 0.3 + \gamma_\omega \times 0.5 = -9.81 \times 1.5 + 13.6 \times 9.81 \times 0.3 + 9.81 \times 0.5 = 30.2 \ kN/m^2$

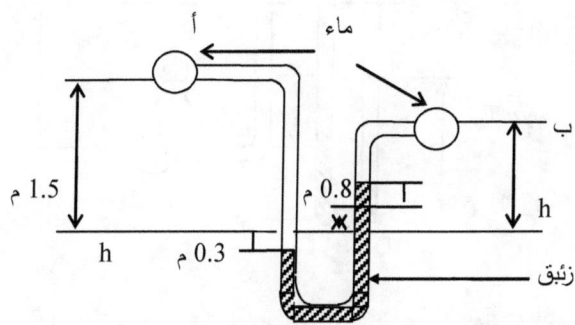

وعندما يزيد الضغط على النقطة أ بحوالي 8 kpa

$P_A + 8$

$P_A + 8 + \gamma_\omega(1.5 + h) - \gamma_{Hg}(0.3 + 2h) - \gamma_\omega(0.8 - h - 0.3) = P_B$

$P_A - P_B + 8 + 9.81(1.5 + h) - 13.6\times9.81(0.3 + 2h) - 9.81(0.5 - h) = 0$, since $P_A - P_B = 30.2$

$h = 0.032\ m = 32\ mm$

14) يحتوي الإناءان أ و ب على ماء تحت ضغط 250 kPa و 120 kPa على الترتيب جد التغير في مقياس الزئبق في الشكل.

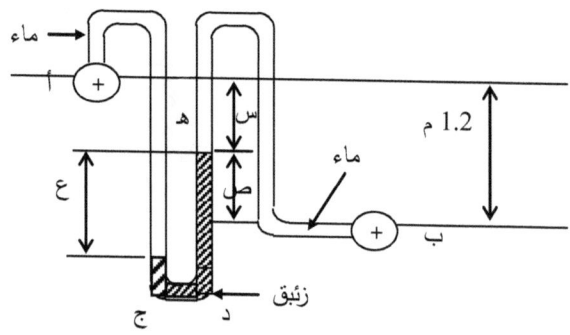

**الحل**

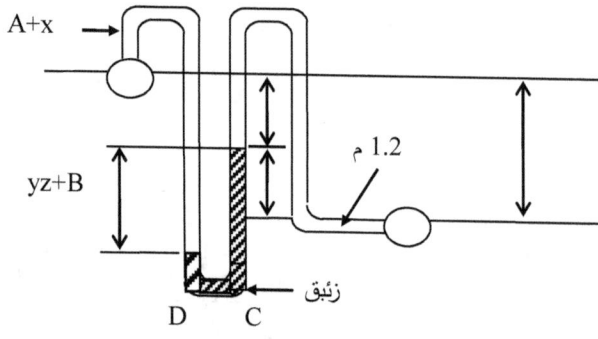

- المعطيات:الإناءان أ و ب على ماء تحت ضغط$P_B$ = 120 كيلو باسكال،$P_A$ = 250 كيلو باسكال
- الضغط على النقطة C = الضغط على النقطة D
- وعليه

$$\frac{250}{9.79} + x + z = \frac{120}{9.79} - y + 13.57\ z\ (m\ of\ water)$$

وباعادة للتنظيم

$$\frac{250}{9.79} + x + y = (13.57 - 1)z$$

غير أن x + y = 1.2 م

ومنها يمكن ايجاد:

25.538 + 1.2 = 12.57z

z = 2.1 m

15) يحوي المانومتر المعكوس في الشكل زيت وماء. إذا كان فرق الضغط في الأنبوبين (أ) و (ب) يعادل -4.8 kPa (فراغي). جد فرق القراءة h، علماً بأن الوزن النوعي للماء 9.8 كيلونيوتن/متر مكعب والوزن النوعي للزيت 8.95 كيلونيوتن/متر مكعب.

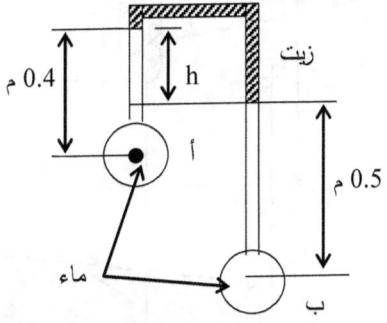

**الحل:**

المعطيات: فرق الضغط في الأنبوبين (أ) و (ب) = -4.8 kPa (فراغي)، الوزن النوعي للماء = 9.8 كيلونيوتن/متر مكعب، الوزن النوعي للزيت = 8.95 كيلونيوتن/متر مكعب

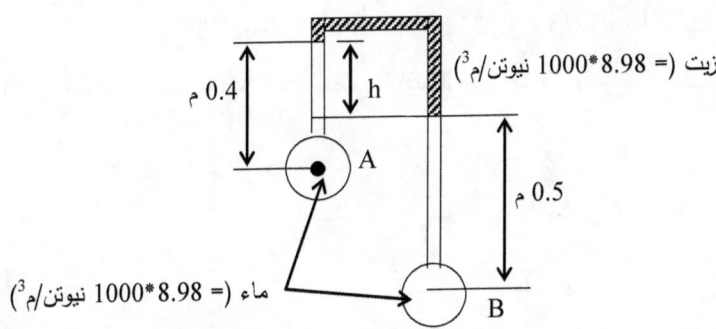

$P_A - P_B = -4.8 \ kpa$

$P_A - \gamma_\omega(0.4) + \gamma_0(h) + \gamma_\omega(0.5) = P_B$

$$h = \frac{P_B - P_A + \gamma_\omega\left(0.4\right) - \gamma_\omega\left(0.5\right)}{\gamma_0} = \frac{4.8 \times 1000 \quad + 9.8 \times 1000 \quad \times 0.1}{8.95 \times 1000} = 0.65 \ m$$

16) حساسية القياس بالمانومتر تزداد بتوسع نهايات الأنبوب كما موضح في الشكل. ملء جانب بماء كثافته النسبية 1.0 وملء الجانب الآخر بزيت كثافته النسبية 0.95. إذا كانت المساحة A تساوي 50 مرة مساحة الأنبوب a احسب فرق الضغط المقابل لحركة 25 ملم لسطح الانفصال بين الزيت والماء.

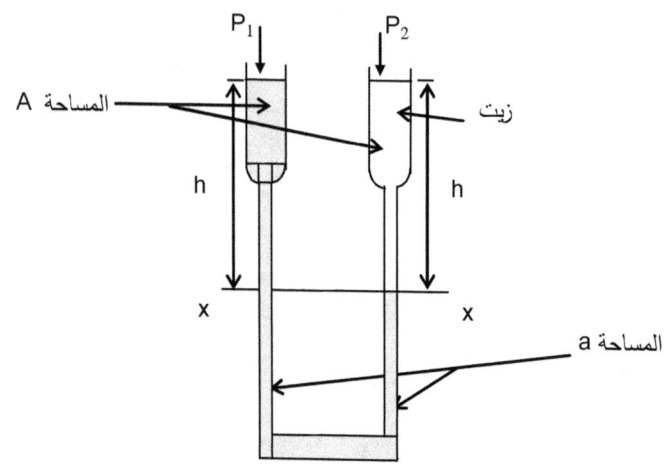

الحل:

المعطيات: الكثافة النسبية للماء = 1.0 ، كثافة الزيت النسبية 0.95، إذا كانت المساحة A =50 مرة مساحة الأنبوب a، حركة سطح الانفصال بين الزيت والماء = 25 ملم.

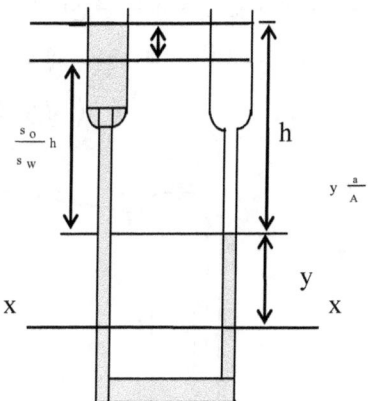

h

$P_1 = P_2$ الماء أسفل لأن كثافته أكبر

سمت الزيت = h

$P_x = S_0\gamma_w h$ = XX الضغط يمين

ارتفاع الماء بالشمال = $\frac{P_x}{S_0\gamma_w} = \frac{S_0}{S_w}h$

انخفاض يمين $y\frac{a}{A}$

يسار وبتعويض A = 50a وقيم $S_w, S_0$

$$\begin{cases} \therefore P_y = P_2 + S_0\gamma_w\left(h + y - y\frac{a}{A}\right) \\ P_y = P_1 + S_w\gamma_w\left(y + \frac{S_0}{S_w}h + \frac{Ya}{A}\right) \end{cases}$$

$$P_2 - P_1 = 21.8\,N/m^2$$

17) المائع في الانابيب ماء والمائع في المانومتر زيت كثافته النوعية 0.85. جد الفرق في الضغط بين A و B إذا كانت a = 60 سم، b = 120 سم، h = 80 سم. (الاجابة: 4.7 كيلو نيوتن/م$^2$)

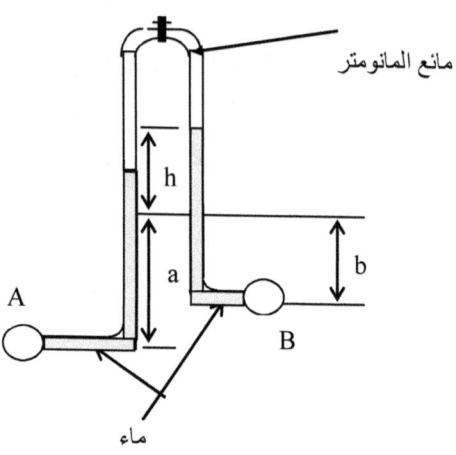

مائع المانومتر

h

b

a

A

B

ماء

الحل:

$p_\gamma = p_A - \rho_\omega ga - \rho_m gh$

$p_x = p_B - \rho_\omega g(b+h)$

$p_B - p_A = \rho_\omega gb - \rho_\omega ga - \rho_m gh = \rho_\omega g(b - a) - gh(\rho_m) - \rho_\omega$

$$= \frac{9.81 \times 10^3}{1000}(1.2 - 0.6) - \frac{9.81 \times 10^3 \times 0.8}{1000}(0.85 - 1) = 9.81[0.6 - 0.8 \times 0.85]$$

$$P_A - P_B = 0.7848 \; kN \; / \; m^2$$

18) فرق بين الضغط المطلق والضغط المقاس. متخذاً حالة مستوية تميل بزاوية $\phi$ مع الأفقي. أثبت أن محصلة الضغط الهيدروستاتيكي على أي سطح مستوي تساوي حاصل ضرب المساحة والضغط عند مركز المساحة. مانومتر يحتوي على زئبق ( S = 13.6) مربوط بماسورة عند النقطتين A , B والمسافة الأفقية بينهما 15m. الماسورة تنقل ماء وتميل مع الأفقي بزاوية 15°. إذا كانت قراءة المانومتر 150mm، جد فرق الضغط بين النقطتين A , B. (جامعة السودان للعلوم والتكنولوجيا، 2002)

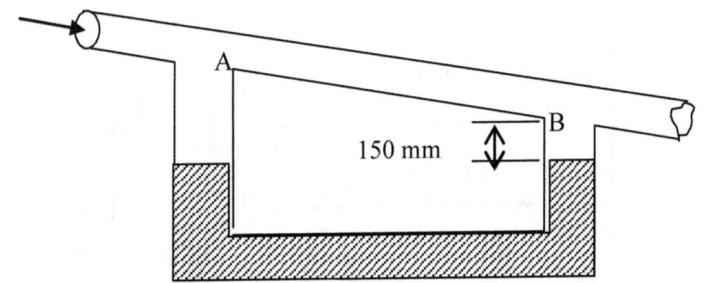

**الحل:**

الضغط المطلق absolute pressure هو عبارة عن الفرق بين قيمته وفراغ كامل. أما الضغط المقاس gauge pressure فهو عبارة عن الفرق بين قيمته والضغط الجوي المحلي. والضغط القياسي standard pressure هو الضغط الوسيط mean على مستوى سطح البحر وهو يساوي 760 ملم زئبق أو 101.325 كيلو باسكال أو 10.34 متر مائي.

انظر الفصل 4 – 4 القوة الهيدروستاتيكية على أسطح منحنية من الكتاب.

- المعطيات: كثافة الزئبق S = 13.6، المسافة الأفقية بينالنقطتين m15 = A , B. ميل الماسورة مع الأفقي =15°. قراءة المانومتر = mm150
- جد فرق الضغط بين النقطتين A , B.

$$P_A+\rho_{water}*g*150\tan15 - 13.6*9.81*0.15=P_B$$

$$P_A - P_B = \rho gh\sin\phi = 13.6*9.81*0.15 - 1*9.81*15\tan(15) = 1.3MPa$$

19) الشكل يوضح خزان يحتوي على مجموعة موائع مختلفة الكثافة، مقياس فاكوم، بيزومترات ومانومتر مستخدمة لاجراء تجارب . جد ارتفاع السوائل في البيزومترات E , F وارتفاع الزئبق (h) في المانومتر إذا علمت أن قراءة المقياس عند  A يساوي 0.21kg/cm$^2$– .

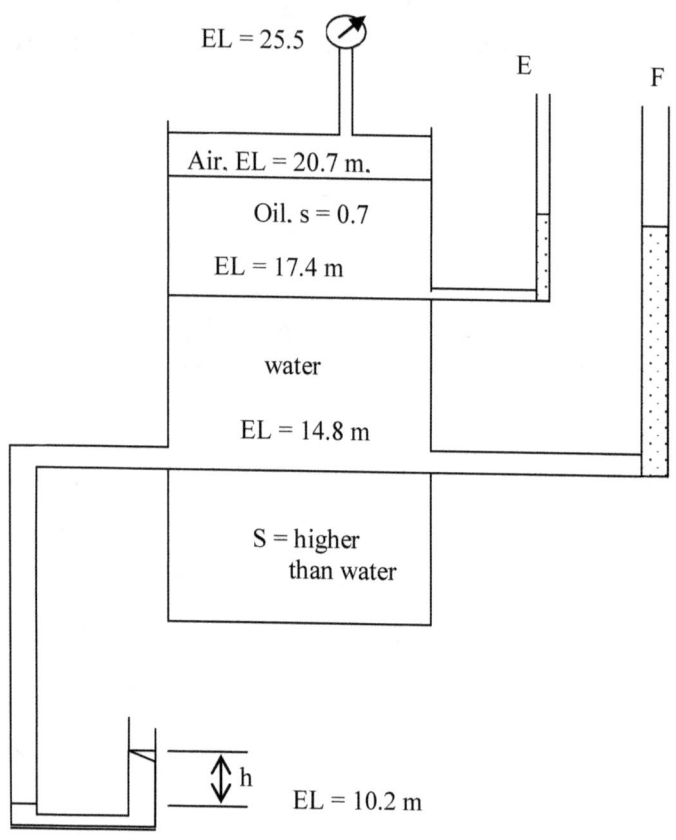

EL = elevation level

الحل:

المعطيات: قراءة المقياس عند A يساوي 0.21kg/cm$^2$– أي:

$P_A = -0.21 * 100 * 100 * 9.81 = -20.601$ kPa

## To find piezometeric hight at E:

Pressure below point $E = P_A + \rho_{oil}*g*h_{oil} = -20.601 + 0.7*1000*9.81* (25.5 - 17.4) = 35.02$ kPa

$P_E = 0 = 35.02 - \rho_{oil}*g*h_E$

$h_E = 35.02*10^3/(0.7*1000*9.81) = 5.1$ m

## To find piezometeric hight at F:

Pressure below point $F = P_E + \rho_{water}*g*h_{water} = 35.02 + 1000*9.81* (17.4 - 14.8) = 60.526$ kPa

$P_F = 0 = 60.526 - \rho_{water}*g*h_F$

$H_F = 60.526*10^3 /(1000*9.81) = 6.2$ m

## To find mercury hight at manometer:

Starting from pressure below point F:

$60.526 + \rho_{water}*g*h_{water} - \rho_{Hg}*g*h_{Hg} = 0$

$60.526 + 1*9.81*(14.8-10.2) - 13.6*9.81*h_{Hg} = 0$

$h_{Hg} = (60.526 + 1*9.81*(14.8-10.2))/ 13.6*9.81 = 0.79$ m

20) أثبت قانون باسكال والذي ينص علي أن شدة الضغط عند أي نقطة في أي سائل في حالة السكون يكون مساوياً في جميع الإتجاهات. جد قراءة المقياس عند M, L بالشكل إذا كان الضغط الجوي يساوي 755mm من الزئبق – لاحظ أن الأنبوب مغلق.

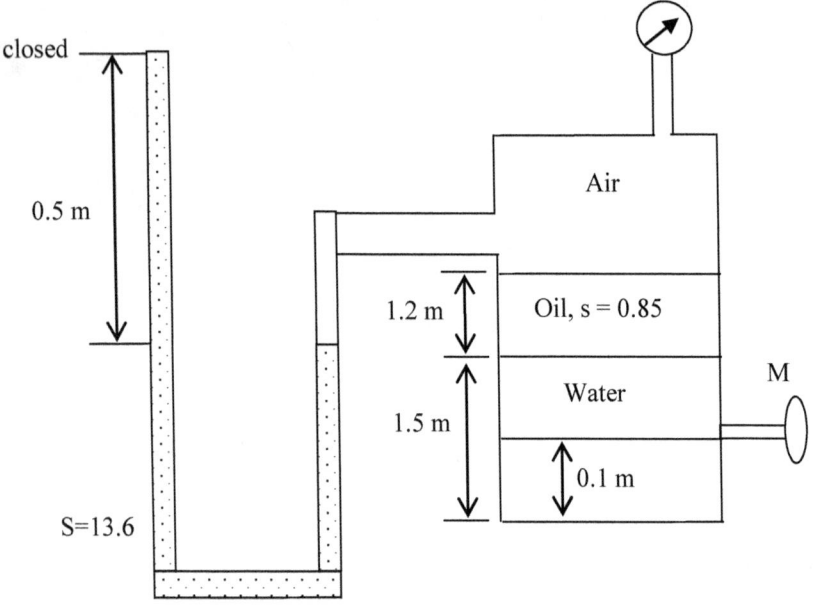

**الحل:**

انظر الفصل3 – 2 الضغط في الموائع في الكتابلأثبات قانون باسكال.

المعطيات:الضغط الجوي = mm755 من الزئبق،الأنبوب مغلق

ابدأ من اليسار لكتابة معادلة المانومتر بالنزول داخله:

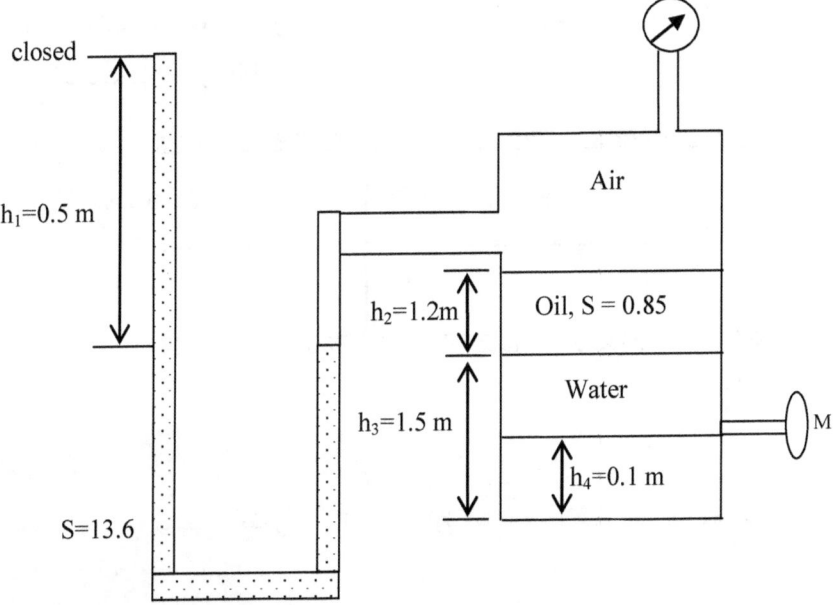

To find pressure at L:

$P_A = \rho_m g h_1 = 13.6*9.81* 0.5 = 66.71$ kPa

$P_A = P_B = P_L = 66.71$ kPa


To find pressure at M:

$P_C = 66.71$ kPa

$P_D = P_c + \rho_o g h_2 = 66.71 + 0.85*9.81* 1.2 = 76.71$ kPa

$P_E = P_D + \rho_w g(h_3 - h_4) = 76.71 + 1*9.81* (1.5 - 0.1) = 90.44$ kPa

$P_M = P_E = 90.44$ kPa

21) في الشكل جد معامل اللزوجة ( μ ) علماً بأن مساحة السطح المتحرك $1.0m^2$ و قوة السحب تعادل 29N.

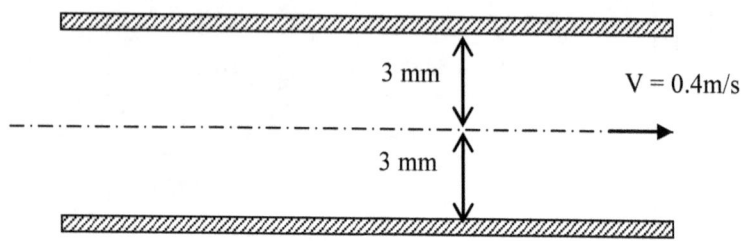

3 mm
V = 0.4m/s
3 mm

**الحل:**

المعطيات: مساحة السطح المتحرك =$1.0m^2$، قوة السحب =29N، السرعة V= 0.4 م/ث،

المسافة = 6÷1000 = 0.006 م

استخدم معادلة اللزوجة

$$F = \tau A = -\mu \frac{du}{dy} A$$

$$29 = -\mu \frac{0.4}{6*10^{-3}} *1$$

ومنها معامل اللزوجة (μ) = 0.435 نيوتن*ث/م$^2$

# الفصل الرابع

# القوى الهيدروستاتيكية

# Hydrostatic Forces

## 4 - 5 تمارين عامة

### 4 - 5 - 1 تمارين نظرية

1) ما المقصود بمائع؟ مع إعطاء أمثلة.

**الحل:**

المائع على أنه عنصر يتشوه باستمرار تحت تأثير أي قوى قص مهما بلغ قدرها وصغرها. الهواء والماء والسوائل الأخرى والدم.

2) ما فائدة معرفة مقدار القوة الهيدروستاتيكية وموقع عملها؟

**الحل:**

عند غمر سطح ما في مائع تنتج قوى على السطح من المائع ومن المهم تحديد مقادير هذه القوى واتجاهاتها ونقاط عملها لعدة أسباب منها:

1) تصميم السفن ومواخر البحار
2) تصميم المنشآت الهندسية مثل أحواض الخزن والسدود والبوابات

3) ما العوامل المؤثرة على اتزان المائع وسكونه؟

**الحل:**

في حالة اتزان المائع وسكونه على السطح:

1) لا يتغير الضغط فوق السطح؛
2) القيمة الكلية للقوة المؤثرة عبارة عن حاصل ضرب الضغط ومساحة السطح.
3) اتجاه القوة المؤثرة عمودي على السطح في الإتجاه السفلي على الوجه العلوي للسطح؛ وفي الإتجاه العلوي على الوجه السفلي للسطح.
4) تعمل في مركز ثقل السطح Centroid.

**4) ما العوامل المؤثرة على مقدار محصلة القوى الهيدروستاتكية الواقعة على أرضية خزان ماء أو سد مائي أو مستودع زيت؟**

**الحل:**

1) الضغط المنتظم في أرضية الخزان
2) مساحة أرضية الخزان
3) ارتفاع الخزان
4) كثافة المائع داخل الخزان

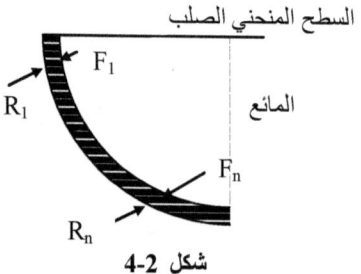

**شكل 2-4**

**5) أيهما أكبر القوة المؤثرة على سطح أفقي أم تلك المؤثرة على مستوى مائل بافتراض ثبات المتغيرات الأخرى؟**

**الحل:**

لا تعتمد محصلة القوة المؤثرة على السطح المائل المغمور على زاوية ميله بالنسبة للسطح الحر.

6) ما العوامل المؤثرة على محصلة القوى العاملة على سطح مائل مغمور في مائع؟

الحل:

قيم محصلة الضغط الهيدروستاتيكي من المائع على سطح منحني   تعتمد على قيمة كل من مركباتها الأفقية والرأسية كل على حدة   والعوامل المؤثرة عليها (  المساحة، والضغط المؤثر، وكثافة المائع، وعمق مركز الضغط، وبعد مركز الضغط من سطح الماء، وارتفاع السائل المعني).

7) لماذا يكون مركز الضغط أدنى من مركز الثقل؟

الحل:

يلاحظ أن المعادلة 4-9.

$$y_p = \frac{I_{xc}}{\overline{y}\,A} + \overline{y}$$

تدل بوضوح على أن محصلة القوى لا تمر عبر مركز الثقل، بل تظل دوماً أدنى منه نسبة لأن $\frac{I_{xc}}{\overline{y}\,A}$ أكبر من الصفر.

8) كيف يمكن تقدير المركبة الأفقية للقوة المؤثرة على سطح منحنى؟

الحل:

انظر الطريقة المبينة على الفصل 4-3 من الكتاب.

9) كيف يتسنى إيجاد المركبة الرأسية للقوة المؤثرة على سطح منحنى؟ وما أهم العوامل المؤثرة فيها؟

الحل:

انظر الطريقة المبينة على الفصل 4-3 من الكتاب.

10) اشرح بالرسم عمل الرافعة الهيدروليكية.

الحل:

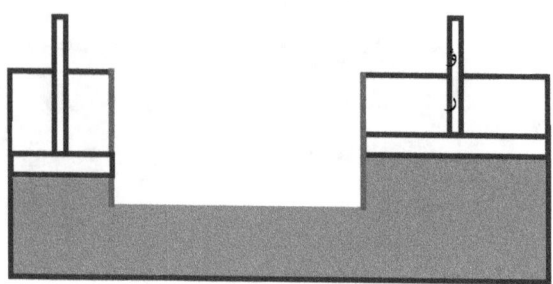

## 4 – 5 – 2 تمارين عملية

1) خزان مفتوح يحتوي على طبقة من زيت كثافته النوعية 0.75 على الماء. إذا كان عمق الزيت 2 متر وعمق الماء 3 متر، احسب ضغط الجهاز، والضغط المطلق اسفل الخزان إذا كان الضغط الجوي 1 بار. (الإجابة: 0.44 بار، 1.44 بار).

الحل

• ضغط الجهاز

$$P_g = \frac{3 \times 9.81 \times 10^3}{100000} + \frac{2 \times 9.81 \times 750}{10^5} = \frac{9.81}{10^2}(3 + 2 \times 0.75) = 0.44145 \quad bar$$

• الضغط المطلق اسفل الخزان

$$P_{ab} = 1 + 0.44145 = \underline{\underline{1.44145 \quad bar}}$$

2) خزان مقفول يحتوي على 0.5 متر من الزئبق و 2 متر من الماء و 3 متر من زيت كثافته 600 كجم/م³، وهناك هواء أعلى الزيت. إذا كان ضغط الجهاز أسفل الخزان 200 كيلو نيتون/م² ما ضغط الهواء في أعلى الخزان؟ (الإجابة: 96 كيلوباسكال).

الحل:

• ضغط الهواء في أعلى الخزان

$P_a = 200 - P_{Hg} - PH2O \; P_{oil}$

$= 200 \; - \; \dfrac{9.81 \; x \; 10^{\,3}}{1000} (0.5 \, x \, 13.6 + 2 + 3 \, x \, 0.6) = 96 \; kN \; / \; m^{\,2}$

3)سطح مستطيل الشكل ذو طول 3 متر وعرض 2 متر مغمور في الماء صانعاً زاوية 45 درجة مع الأفقي. باعتبار أن الجوانب ذات الطول    3 متر أفقية. احسب مقدار القوة المطبقة على وجه واحد من السطح المغمور، وعمق مركز الضغط إذا كانت الحافة العلوية للسطح:

1. محاذية لسطح الماء.
2. مغمورة لعمق 20 سم تحت سطح الماء.
3. مغمورة لعمق 10 متر تحت سطح الماء.

الحل:

Area (A) = 3x2 = 6 m$^2$

When rectangle is near surface

1) Location of CG ($\bar{y}$) = (2*Sin45/2) = 0.71m
2) Resultant force on gate (F) = $\gamma A\bar{y}$ = 9810*6*0.71 = 41.6 kN
3) Moment of inertia about CG = 3*2$^3$/12 = 2 m$^4$
4) $y_p = \bar{y} + \dfrac{I_G \sin^2 \theta}{A y^-} = 0.71 + \dfrac{2*\sin^2 45}{6*0.71} =$

When rectangle is immersed 20 cm below surface

1) Location of CG ($\bar{y}$) = 0.20+(2*Sin45/2) = 0.91m
2) Resultant force on gate (F) = $\gamma A\bar{y}$ = 9810*6*0.91 = 53.6kN
3) Moment of inertia about CG = 3*2$^3$/12 = 2 m$^4$
4) $y_p = \bar{y} + \dfrac{I_G \sin^2 \theta}{A y^-} = 0.91 + \dfrac{2*\sin^2 45}{6*0.91} = 1.09m$

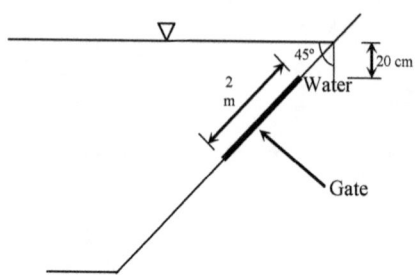

## When rectangle is isimmersed 10 m below surface

1) Location of CG $(\bar{y})$ = 10+(2*Sin45/2) = 10.71m

2) Resultant force on gate (F) $=\gamma A\bar{y}$ = 9810*6*10.71 = 630.4kN

3) Moment of inertia about CG $=3*2^3/12 = 2$ m$^4$

4) $y_p = \bar{y} + \dfrac{I_G \sin^2 \theta}{A\bar{y}} = 10.71 + \dfrac{2*\sin^2 45}{6*10.71} = 10.73m$

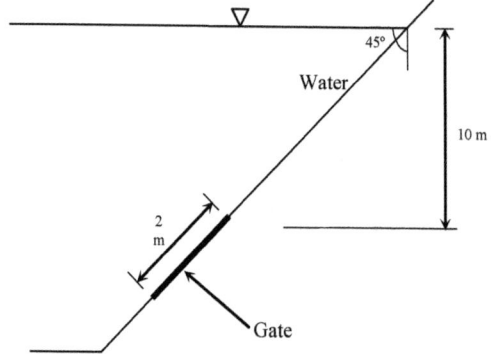

70

4) بوابة شكلها مثلث وضعت في الجزء الراسي من خزان مفتوح، ولها مفصلة حول المحور أ ب. أوجد عزم قوة الماء على البوابة بالنسبة للمحور أ ب.

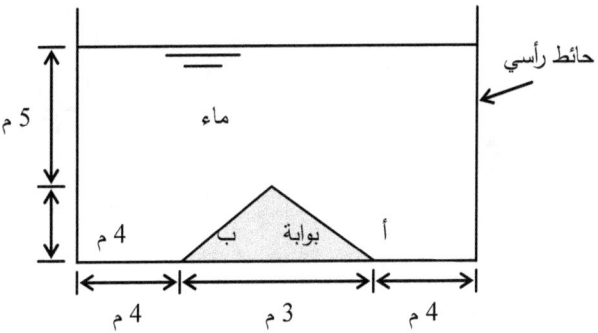

الحل:

$$h_c = 5 + \frac{2}{3} x 4 = 7.74 \; kN$$

$$F_R = \gamma \, h_c \, A = 9800 \; x \, 7.7 \; x \, \frac{1}{2} \; x \, 3 \, x \, 4 = 452.76 \; kN$$

لتحديد موقع القوة $F_R$ (بأخذ hc = yc)

$$y_R = \frac{I_{xc}}{y_c \, A} + y_c = \frac{\frac{1}{36} x \, 3 \, x \, 4^3}{7.7 \, Á \, \frac{1}{2} \, x \, 3 \, x \, 4} + 7.7 = 7.82 \; m$$

ومن لايجاد العزم حول أ ب

$$M_{AB} = F_R \left( h_T - y_R \right) = 452.76 \; x \left( 9 - 7.82 \right) = 534.3 \; kN.m$$

71

5) يحوي خزان مغلق طوله 6 متر كحول كثافته 7.7 كيلو نيوتن/م$^3$. إذا كان ضغط الهواء 30 كيلو باسكال، أوجد مقدار محصلة القوة المؤثرة على جانب من الخزان.

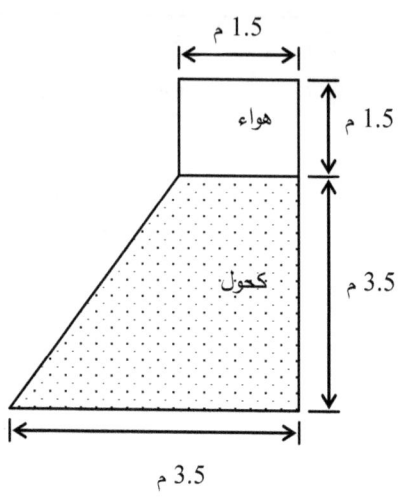

## الحل

يمكن تقسيم المساحة إلى ثلاثة أجزاء كما مبين

للمساحة الأولى

$$F_{R1} = P_{air} A_1 = 30 \times 1.5 \times 1.5 = 67.5 \, kN$$

للمساحة الثانية

$$F_{R2} = P_{air} A_2 + \gamma h_{c2} A_2 = 30 \times 1.5 \times 3.5 + 7.7 \times \frac{3.5}{2} \times 1.5 \times 3.5 = 228.24 \, kN$$

للمساحة الثالثة

$$F_{R3} = P_{air} A_3 + \gamma h_{c3} A_3 = 30 \times \frac{1}{2} \times 2 \times 3.5 + 7.7 \times \frac{3.5}{2} \times \frac{2}{3} \times 3.5 \frac{1}{2} \times 2 \times 3.5 = 215.04 \, kN$$

ومن ثم

$$F_R = F_{R1} + F_{R2} + F_{R3} = 67.5 + 228.2 + 215.04 = 510.8 \, kN$$

72

6) مانومتر على شكل U قطر الجزء الأسفل منه (ق 1) وجزءاه العلويان بقطر أكبر (ق2). يحتوي الأنبوب بقطر (ق 1) على سائل كثافته النسبية ρ يعلوه في كل من الفرعين سائل كثافته النوعية S. السطوح الحرة موجودة في الأجزاء العليا الكبيرة القطر. أما السطوح المشتركة بين السائلين فموجودة في الجزء الأسفل وهي على نفس المستوى. أستنبط تعبيراً رياضياً يعطي الفرق في الضغط في سائلين.

الحل:

الفرق في الضغط في السائلين

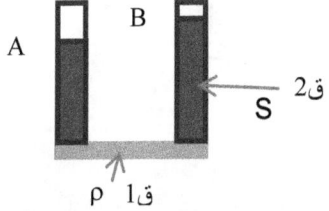

Assume height below A is $h_A$ and that below B is $h_B$

$P_A*A_A + r_{water}*S*g*h_A*A_A - r_{water}*S*g*h_B*A_B + P_B$

$A_A = \pi D_2^2/4$

$A_B = \pi D_2^2/4$

7) خزان أسطواني مفتوح قطره 2 م وارتفاعه 4 متر يحوي ماء وقعره منتصف كروي. جد مقدار قوة الماء المؤثرة على السطح المنحني واتجاهاه ومنطقة تأثيرها.

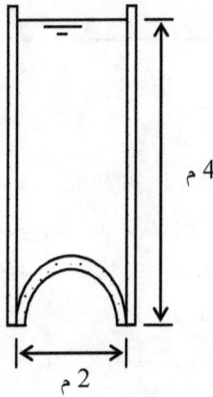

73

## الحل:

المعطيات:خزان أسطواني مفتوح بهماءوقعره منتصف كروي، قطر الخزان = 2 م، ارتفاع الخزان =4 متر .

القوة = وزن الماء المسنود بالقعر منتصف الكري =$\gamma_{الماء}$(حجم الاسطوانة – حجم نصف الكرة)

$$9.8\left[\left(\frac{\pi}{4}2^2 \, x \, 4\right) - \frac{\pi}{12}2^3\right] = 102.6 \, kN$$

القوة تؤثر رأسياً للأسفل وبسبب التماثل فإنها تعمل على نصف الكرة عبر المحور الرأسي للأسطوانة 102.6 كيلو نيوتن

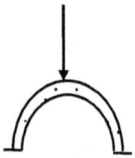

8) جد القوة الأفقية والرأسية ومحصلة القوة واتجاهها التي تؤثر على البوابة ربع الدائرة أ ب في الشكل التالي من جراء الماء في جهة والهواء في الجهة الأخرى، علماً بأن عرض البوابة 1.5 متراً ونصف قطرها متراً واحداً. (الإجابة:  29.43، 25.2، 38.7 كيلو نيوتن)

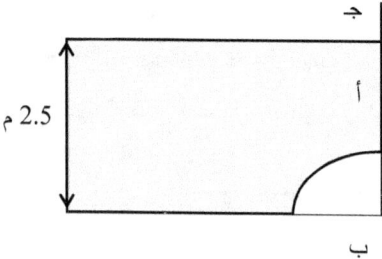

## الحل:

- المعطيات: عرض البوابة = 1.5 م، نصف قطر البوابة =1 م

- لإيجاد مركبة القوة الأفقية يتم اسقاط السطح المنحني للبوابة على مستوى موازي للمستوى    yz وهذه المساحة تساوي مساحة مستطيل 1.5×1 متر مربع ممثلة بالحافة أ د ومن الملاحظ أن ضغط الهواء الجوي على السطح الحر ينمي قوة أفقية في شمال البوابة أ ب تُلغى تماماً بالقوة الأفقية من الجو في الجهة اليمنى من البوابة. وعليه ينبغي اعتبار أثر الجاذبية على الماء، وعليه

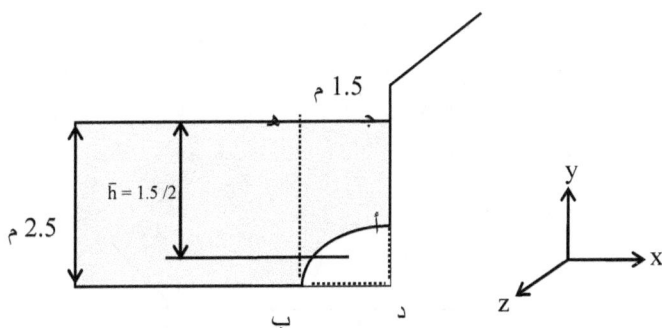

$F_x = P_A = 9.81 \times 1000 \times (1 \times 1.5) \times 2 = 29.43$ kN

- ومن الواضح أن المركبة في الإتجاهz صفراً لأن المساحة المسقطة في هذا الإتجاه صفر.

- أما بالنسبة للمركبة الرأسية فيؤخذ في الحسبان وزن عمود الماء مباشرة أعلى البوابة أب

$F_y$ = (الحجم المحصور بين د جـ هـ ب – الحجم المحصور بين الدائرة أ د ب)

$F_y = 9.81 \times 1000 [1 \times 2.5 \times 1.5 - 1\pi (1)^2 \times 1.5/4] = 25.2$ kN

- المحصلة توجد من:

$$F_R = \sqrt{F_x^{\,2} + F_y^{\,2}} = \sqrt{29.43^{\,2} + 25.2^{\,2}} = \underline{\underline{38.7\,kN}}$$

- ونسبة لأن قوى الضغط عمودية تحت كل الأوقات على البوابة الدائرية أ ب فمن الواضح أن المحصلة البسيطة لها خط عمل يمر خلال النقطة د ومركز الدائرة.

9) جد مقدار ونقطة تأثير القوة الأفقية والرأسية التي تعمل على ربع الدائرة أ ب (نصف قطرها متراً واحداً) في الحوض المبين على الشكل إذا كان طوله متران (المسافة العمودية على الرسم). جد مقدار القوة الأفقية والرأسية المؤثرة على البوابة أ ب إذا كان الماء على جانبيها بنفس ارتفاعه على الجانب الأيسر المبين في الشكل. (الإجابة: 68.67 كيلو نيوتن، 3.67 م؛ 74.3 كيلو نيوتن، 0.48 م؛ 68.67 كيلونيوتن، 74.3 كيلونيوتن)

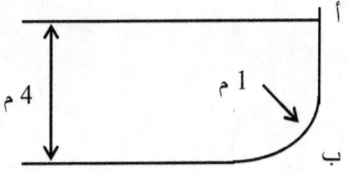

75

## الحل:

- المعطيات:(نصف قطر ربع الدائرة أ ب = 1 م، طول الحوض = 2 م
- مركبة القوة الأفقية المؤثرة على السطح المنحني أب تساوي محصلة القوة المؤثرة على اسقاط السطح أب (أي هـ ب في الشكل). وهذا الإسقاط ببساطة مستطيل طوله 2 متر وارتفاعه متراً واحداً. وعليه المركبة الأفقية تتكون من:

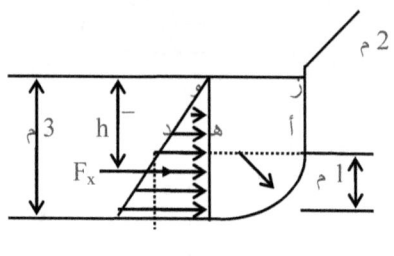

1- جزء من $F_x$ ناتج من الضغط الأفقي من ب ح د هـ

$F_1 = P_1A = 9.81\times1000\times3\times(2\times1) = 58.86$ kN

2- جزء من $F_x$ ناتج من الضغط الأفقي من ح جـ د

$F_2 = 1/2 \times 9.81\times1000\times(2\times1) = 9.81$ kN

$F_x = F_1 + F_2 = 58.86 + 9.81 = 68.67$ kN

- أماالمركبة الرأسية لمحصلة القوى العاملة على السطح المنحني أ ب فتساوي وزن حجم الماء الرأسي أعلى السطح المنحني أ ب. ويكون هذا الحجم من المساحة المستطيلة أ هـ و ز 1متر×3متر وربع دائرة أ هـ ب نصف قطرها واحد متر وكلا من المساحتين طولها 2 متر وعليه الحجم يساوي

$[1\text{x}3 + \pi(1)^2/4] \times 2 = 7.57$

- ووزن هذا الحجم من الماء يمكن حسابه بضرب الحجم بالكثافة الوزنية للماء وعليه

$F_y = [1\times3 + \pi(1)^2/4] \times2\times1000\times9.81 = 74.3$ kN

- نقطة عمل المركبة الأفقية $F_x$ هي عبر الخط الأفقي المار عبر مركز الضغط للإسقاط الرأسي. أي مركز ثقل هـ ب جـ د ويمكن ايجاده بتقسيم

(ا) مجموع ضرب كل من القوى $F_1$ و $F_2$ وأعماق كل منهم مع مراكز ضغطهم مع (ب) المركبة الأفقية الكلية

$$\bar{h} = \frac{F_1\left(3 + \frac{1}{2}\right) + F_2\left(4 + \frac{2}{3}\times 1\right)}{F_1 + F_2} = 3.67\ m$$

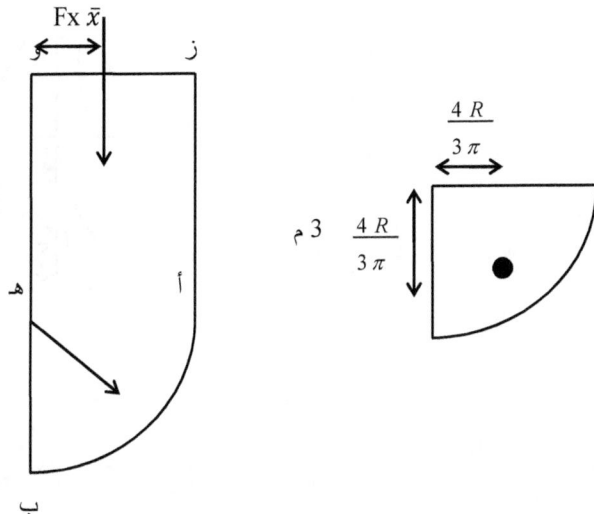

- وهذا هو العمق من سطح الماء إلى موضع المركبة الأفقية. أما موضع المركبة الرأسية فهو عبر خط رأسي يمر بمركز ثقل حجم المائع رأسياً أعلى السطح أ ب، أي مركز ثقل أ ب و ز. وهذه يمكن ايجادها بمساواة مجموع العزوم للمساحة المستطيلة أ هـ و ز ومساحة ربع الدائرة أ ب هـ حول الخط الرأسي المار عبر النقطة ب، إلى عزم المساحة الكلية حول نفس الخط وعليه

$$\bar{x} \left[ 3 \times 1 + \frac{\pi}{4}(1)^2 \right] = 3 \times 1 \times \frac{1}{2} + \frac{\pi}{4}(1)^2 \left[ \frac{4 \times 1}{3\pi} \right] \bar{x} = 0.48 \ m$$

وهذه توضح المسافة بين النقطة ب وخط عمل المركبة الرأسية

أما في حالة أن يكون الماء على جانبي السطح المنحني أ ب:

يمكن ايجاد المركبة الأفقية باستخدام ضغط متوسط $F = PA$

$$P = P_{av} = \gamma \left( \frac{h_1 + h_2}{2} \right) = 1000 \times 9.81 \left( \frac{3 + 4}{2} \right) = 34.34 \ kN \ / \ m^2$$

$A = 2 \times 1$          $\therefore F_x = P_{av}A = 34.34 \times 2 = 68.67 \ kN$

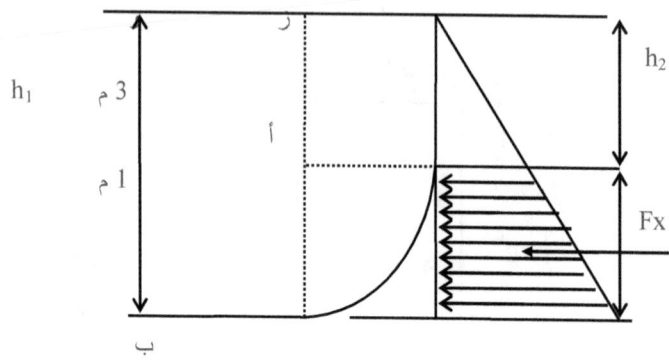

أما المركبة الرأسية فتساوي وزن حجم تخيلي للماء الرأسي أعلى السطح أ ب وعليه

$F_y$ = مساحة أ ب و ز × طول السطح المغمور أب × الكثافة

$$F_y = [3\times1 + \pi\,(1)^2/4] \times 2\,[1000\times9.81] = 74.3 \text{ kN}$$

وموضع المركبة الأفقية هو نفس $\bar{h}$ السابقة أدنى سطح الماء عدا أن القوة $F_x$ تعمل في اتجاه الشمال.

وموضع المركبة الرأسية هو نفس $\bar{x}$ السابقة من النقطة ب عدا أن $F_y$ تعمل إلى أعلى.

10) يبين الشكل مقطع عبر سد له وجه في شكل قطع مكافئ parabolic وقمته في (أ). جد محصلة القوة الناتجة من الماء وموضعها بالنسبة للنقطة أ. (الإجابة: 7.1 مجانيوتن، 22.5 م)

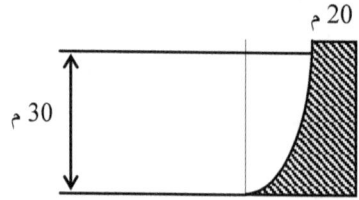


**الحل:**

- بأخذ نقطة الأصل 0 يمكن كتابة معادلة السطح المنحني على النحو التالي

$$(30 - z) = ax^2$$

- وبوضع z=0 عند x=20 ينتج

$$30 - 0 = a(20)^2$$

$$a = \frac{30}{20 \times 20} = \frac{3}{40}$$

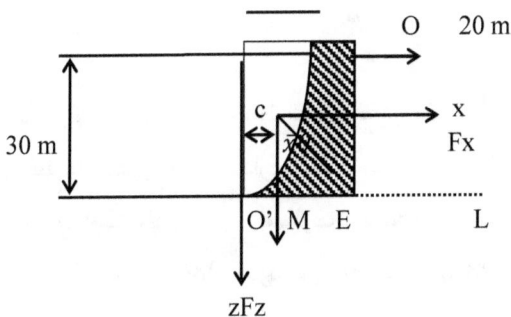

- وبافتراض عرض وحدة متر للسد، يمكن ايجاد المركبة الأفقية لمحصلة القوى على النحو التالي

$F_x = 1000 \times 9.81 \times 20 \times 30 = 5.9$ MN/m

تعمل على بعد $\frac{2}{2} x\, 30 = 20\ m$ أدنى سطح الماء

ومركبة القوة الرأسية

$$F_y = 1000 \times 9.81 \int_0^{20} z\,dx = 1000 \times 9.81 \int_0^{20} \left(-\frac{3}{40} x^2 + 30\right) dx$$

$$= 1000 \times 9.81 \left[-\frac{3}{40} \times \frac{x^3}{3} + 30x\right]_0^{20}$$

$$= 3.924\ MN/m$$

المحصلة:

$$F_R = \sqrt{5.9^2 + 3.924^2} = \underline{\underline{7.1}}\, MN$$

وهذه القوة $F_z$ تعمل على مسافة $\overline{x}$ حيث

$$\overline{x} = \frac{\int_0^{20} zx\,dx}{\int_0^{20} z\,dx} = \frac{\int_0^{20} \left(30 - \frac{3}{40} x^2\right) x\,dx}{\int_0^{20} \left(30 - \frac{3}{40} x^2\right) dx} = \frac{\left[15x^2 - 3x \frac{4}{40 \times 4}\right]_0^{20}}{\left[30x - \frac{x^3}{40}\right]_0^{20}} = 7.5\,m$$

ومن الشكل

$$\tan\theta = \frac{ME}{MC} = \frac{F_x}{F_z} = \frac{5.9}{3.924}$$

وعليه: $\theta = 56.37$

ME = MC tan$\theta$ = 30 tan 56.37 / 3 = 15

$OE = \bar{x} + ME = 7.5 + 15 = \underline{\underline{22.5\,m}}$

11) وضعت بوابة دائرية على الحائط المائل لخزان ماء كبير وحملت البوابة على عمود حول قطرها الأفقي. أوجد مقدار ونقطة تأثير محصلة قوة الضغط المؤثرة على البوابة من الماء. أوجد مقدار العزم المطلوب وضعه في العمود للتغلب على العزم الناتج من الماء. (الإجابة: 986 كيلونيوتن، 9.34 م، 98.6 كيلو نيوتن.متر)

## الحل:

- لإيجاد قيمة قوة الماء $F_R = \gamma h_C A$ وبما أن المسافة الرأسية من سطح الماء إلى مركز ثقل المساحة هي 8 متر ينتج ذلك

$F_R = 1000\times 9.81\times 8\times \pi\,(4)^2/4 = 986\ kN$

ولإيجاد نقطة مركز الضغط التي تعمل عبرها القوة $F_R$:

$$x_R = \frac{I_{xyc}}{y_c A} + x_c$$

$$y_R = \frac{I_{xc}}{y_c A} + y_c$$

وبالنسبة للإحداثيات المبينة فإن $x_R = 0$

نسبة لأن المساحة متماثلة ولوقوع مركز الضغط على القطر أ ب ولإيجاد قيمة $y_R$:

$I_{xc} = \pi R^4/4$

x

$y_c = 8/\sin 60 = 9.24\ m$

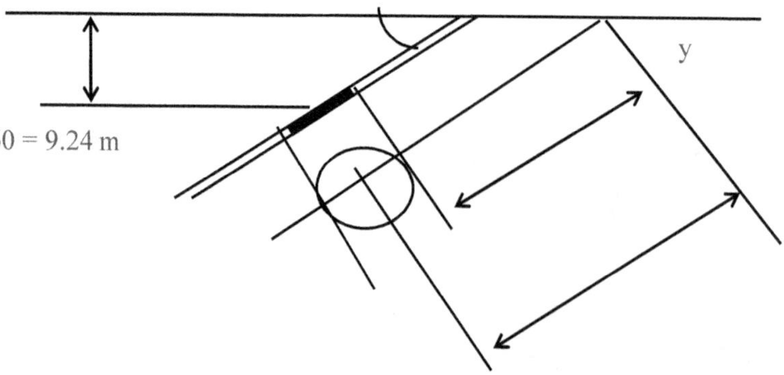

$$y_R = \frac{\dfrac{\pi\,(2)^4}{4}}{\left(\dfrac{8}{\sin 60}\right) \times \dfrac{\pi}{4}(4)^2} + \frac{8}{\sin 60} = 9.346 \ m \ \ y_R$$

والمسافة عبر البوابة أدنى العمود إلى مركز الضغط هي عبارة عن $y_R - y_c = 9.34 - 9.24 = 0.1\,m$ ومنها يمكن الوصول من هذا التحليل إلى أن القوة العاملة على البوابة من الماء لها قيمة تساوي وتعمل عبر نقطة واقعة على قطرها أ ب على مسافة (في البوابة) أدنى العمود. والقوة عمودية على البوابة.

أما العزم المطلوب لفتح البوابة فيمكن ايجاده بوساطة الرسم حيث تمثل فيه W وزن البوابة و $O_x$ و $O_y$ مركبات رد الفعل الأفقية والرأسية على العمود في البوابة على الترتيب. وبجمع العزوم حول العمود ينتج

$$\Sigma M_c = 0$$

ومن ثم $M = F_R\,(\,y_R - y_c\,) = 986 \times 0.1 = 98.6 \ N.m$

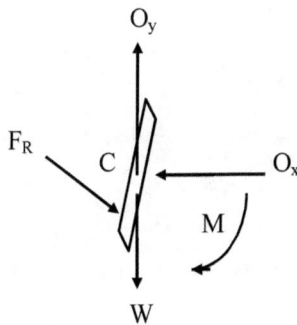

(12) يحوي حوض زيت كثافته النوعية 0.85 والحوض تحت ضغط يقدر بمقياس الضغط 40 كيلو باسكال. للحوض فتحة مغطاة بلوح مربع طول ضلعه 0.5 متراً مربوطة بمسامير على جانبه. أوجد مقدار محصلة القوة المؤثرة على اللوح ومكان عملها. (الإجابة: 16.2 كيلو نيوتن، 0.25 م)

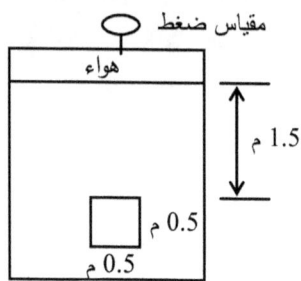

## الحل:

- المعطيات s.g = 0.85، A = 0.5×0.5، P = 40 كيلو باسكال
- يبين الشكل توزيع الضغط داخل سطح اللوح من جراء الزيت والذي يتغير خطياً مع العمق كما موضح
- محصلة القوى على اللوح تعمل في المساحة A وناتجة من قوتين $F_1$ و$F_2$ حيث

$$F_1 = \left(P_g + \gamma h_1\right)A = \left(50 \times 10^3 + 0.85 \times 9.81 \times 1000 \times 1.5\right) \times 0.5 \times 0.5$$

$$= 15.63 \ kN$$

$$F_2 = \gamma \frac{(h_2 - h_1)}{2} A = 0.85 \times 9.81 \times 10^3 \left(\frac{0.5}{2}\right) \times 0.5 \times 0.5 = 0.52 \ kN$$

$$F_R = F_1 + F_2 = 15.63 + 0.52 = 16.15$$

- أما المركبة الرأسية للمحصلة فيمكن ايجادها بجمع العزوم حول محور يمر عبر النقطة أ ومن ثم

$$F_R y_0 = F_1(0.5/2) + F_2(0.5/3) = 4$$
$$y_0 = 4/16.15 = 0.25 \ m$$

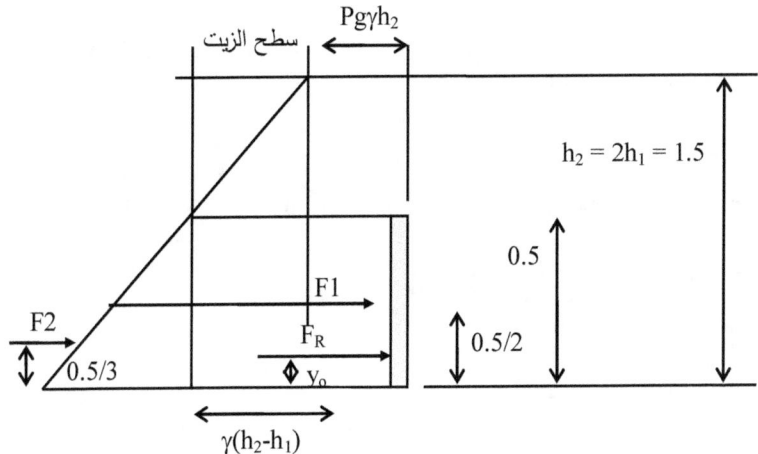

- ومن ثم فإن القوة تعمل على بعد $y_0 = 0.25$ أعلى السطح السفلي للوح عبر المستوى الرأسي للتماثل.
- ومن الملاحظ أن ضغط الهواء في حسابات القوة هو الضغط المقاس ولا يؤثر الضغط الجوي على محصلة القوى (المقدار والوضع) لأنه يعمل في جانبي اللوح وبذا يلغى تأثيره.

**13) بوابة تحكم Sluice أ ب جـ في شكل قوس دائري نصف قطره 4 متر موضوعة لحجز ماء. أوجد مقدار محصلة قوة ضغط الماء على البوابة، ومكان عملها من النقطة د في خط عملها. (الإجابة: 79.8 كيلو نيوتن، 15°)**

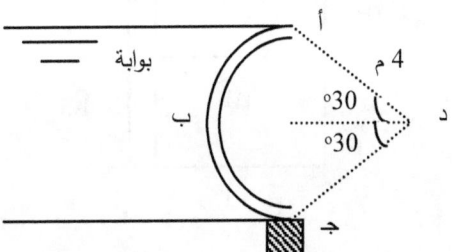

## الحل:

نسبة لأن الماء يصل إلى أعلى البوابة ∴ عمق الماء

$h = 2\times4\sin30 = 2\times4\times1/2 = 4\ m$

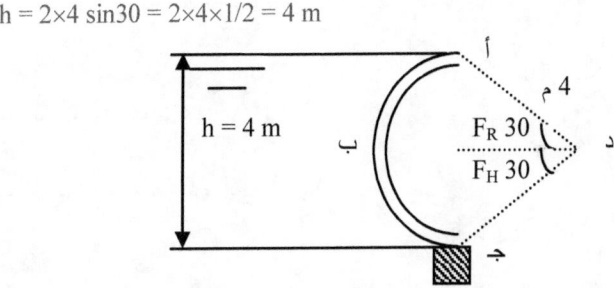

مركبة القوة الأفقية على البوابة لوحدة طولية = محصلة الضغط على السطح أج.لوحدة طولية

$F_x = \rho gh.h/2 = \rho g \, h^2/2 = 1000 \times 9.81 \times 4^2/2 = 78.48 \text{ kN/m}$

مركبة القوة الرأسية على البوابة لوحدة طولية = وزن الماء المزاح بوساطة القطاع أ ب جـ

= ( قطاع أ د جـ ب – المثلث أ د جـ)$\times \rho g$

$F_y = (\text{sector} - \Delta)\rho s = 1000 \times 9.81(60 \times \pi \times 4^2/360 - 4\sin30 \times 4\cos30) = 14.22 \text{ kN/m}$

والمحصلة:

$$F_R = \sqrt{F_x^2 + F_y^2} = \sqrt{78.48^2 + 4.22^2} = 79.8 \, kN \, / \, m$$

وتعمل المحصلة بزاوية $\theta$ مع الأفقي حيث:

$\tan\theta = F_x/F_y = 14.22/78.48 \Rightarrow \theta = 10.3°$

وبما أن سطح البوابة أسطواني فإن محصلة القوى $F_R$ ينبغي أن تمر بالنقطة د.

14)    يحوي حوض أسطواني عرضه متراً واحداً ماء وزيت وسطحه العلوي معرض للهواء الجوي. أوجد مقدار محصلة القوة المؤثرة على أرضية الحوض من هذه الموائع الساكنة. (الإجابة: 23.9 كيلو نيوتن)

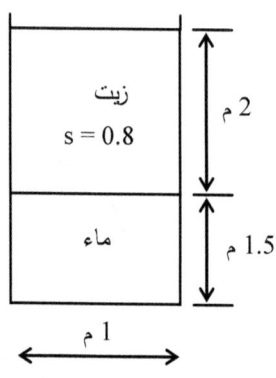

**الحل:**

ضغط الماء في أرضية الحوض تنتظم عبر كل المساحة نسبة لأنه سطح أفقي في سائل ساكن.

الضغط على أرضية الحوض $P_B$ يمكن ايجاده على النحو التالي:

$P_B = P_{atm} + \gamma_{oil}(2) + \gamma_w(1.5)$

$P_B = 0 + 0.8 \times 1000 \times 9.81 \times 2 + 1000 \times 9.81 \times 1.5 = 30.411 \text{ kN/m}^2$

مساحة أرضية الحوض:

$A = \pi D^2/4 = \pi(1)^2/4 = 0.785 \text{ m}^2$

وعليه القوة المؤثرة على أرضية الحوض:

$F_R = P_B . A = 30.411 \times 0.785 = 23.9 \text{ kN}$

15) فتحة بشكل شبه منحرف في الجدار العمودي لخزان قفلت بقطعة من الصاج المسطح بمفصلة بالحافة العليا. قطعة الصاج متماثلة حول خط النصف وعمقها 1.2 م، طول حافتها العليا 1.08 م وطول الحافة السفلى 1.92 م. سطح الماء الحر على ارتفاع 75 سم من الحافة العليا للصاج. أوجد العزم حول المفصلة المطلوب لجعل الفتحة مغلقة. (الإجابة: 36.97 كيلو نيوتن.متر)

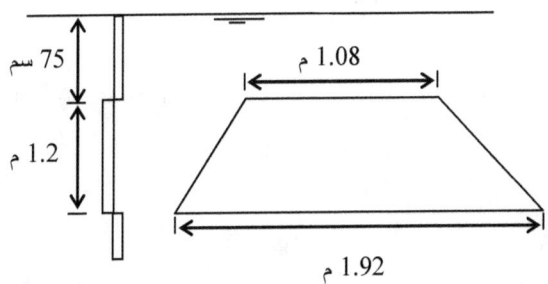

الحل:

Area of plate $= 1.08 \times 1.2 + \dfrac{1.2 \times 0.42 \times 2}{2} = 1.8 \, m^2$

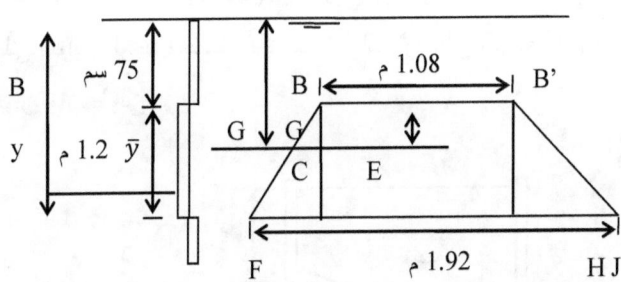

لإيجاد موضع G نأخذ عزوم حول 'BB

$1.8y = 1.08 \times 1.2 \times 0.6 + 0.42 \times 1.2 \times 0.8 = 0.7776 + 0.4032 = 1.1808$

$\therefore y = \dfrac{1.1808}{1.8} = 0.656 \, m$

$\overline{y} = 0.656 + 0.75 = 1.406 \, m$

$$R = \rho g A \, \overline{y} = \frac{10^3 \times 9.81 \times 1.8 \times 1.406}{1000} = \underline{24.827 \; kN}$$

$$D = \sin^2 \varphi \, 0.5^2 \left( \frac{I_0}{A \, \overline{y}} \right)$$

$$I_0 = \left[ \frac{1.08 \times 1.2^3}{12} + 1.08 \times 1.2 \times 1.35^2 \right]$$

$$+ 2 \left[ \frac{0.42 \times 1.2^3}{36} + \frac{0.42 \times 1.2 \times 1.55^2}{2} \right]$$

$$= [0.15582 + 2.36196] + 2[0.02016 + 0.60543] = 3.76866 \; m^4$$

$$D = \frac{3.76866}{1.8 \times 1.406} = 1.489118 \; m$$

BC = 1.489118 - 0.75 = 0.739118

Moment about hinge = 24.827×0.739118 = $\underline{18.35 kN.m}$

16) يوضح الشكل بوابة شبه اسطوانية بارزة في حوض زيتي (كثافته النسبية 0.8). أوجد مقدار مركبة القوة الأفقية المؤثرة على البوابة. أوجد صافي القوة الرأسية المؤثرة على البوابة. أوجد محصلة قوة الضغط المؤثرة على البوابة. (الإجابة: 20 كيلو نيوتن/متر طولي)

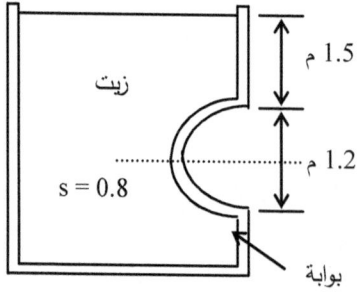

## الحل:

أوجد مركبة القوة الأفقية من الزيت على البوابة والتي تساوي ضغط الزيت على اسقاط البوابة على الإتجاه الرأسي $F_H = \gamma\ \bar{h}A$ (بالنيوتن على المتر الطولي)

$F_H = 0.8 \times 1000 \times 9.81 \times (0.6+1.5)(1.2 \times 1) = 19.78$ kN/m

مركبة القوة في الإتجاه الرأسي هي القوة أعلى البوابة والتي تعمل نحو الأسفل وتساوي وزن الزيت أعلى البوابة

$F_{V1} = 0.8 \times 9.81 \times 1000[(1.5+0.6) \times 0.6 \times 1 - \pi\ (1.2/2)^2 \times 1/4] = 7.67$ kN/m

ومع ذلك فهناك أيضاً قوة تعمل إلى أعلى على أسفل السطح السفلي للبوابة = الوزن الكلي للمائع الحقيقي والتخيلي أعلى السطح وتساوي

$F_{V2} = 0.8 \times 9.81 \times 1000[(1.6+0.6) \times 0.6 \times 1 + \pi\ (1.2/2)^2 \times 1/4] = 12.58$ kN/m

وعليه فصافي مركبة القوة الرأسية = الفرق بين القوتين $F_{V1}$ و$F_{V2}$ ($= 4.9$) والتي تساوي وزن الحجم نصف الأسطواني للمائع المزاح بالبوابة نفسها

$F_V = = 0.8 \times 9.81 \times 1000 \times \pi\ (1.2/2)^2 \times 1/4 = 2.22$

ومن ثم يمكن إيجاد محصلة قوة الضغط المؤثرة على البوابة

$$F_R = \sqrt{F_H^{\ 2} + F_V^{\ 2}} = \sqrt{19.78^2 + 2.22^2} = 20\ kN$$

17) لوح مستطيل أبعاده 1.5م×1.8م غمر كلياً بالماء في وضع يكون فيه الضلع 1.5م أفقياً والضلع 1.8 م رأسياً. أوجد قوة الدفع على جانب واحد من اللوح وعمق مركز الضغط إذا كانت الحافة العليا للوح 0.3 متر من السطح الحر للماء. (الإجابة: 31.8 كيلو نيوتن، 1.425 م)

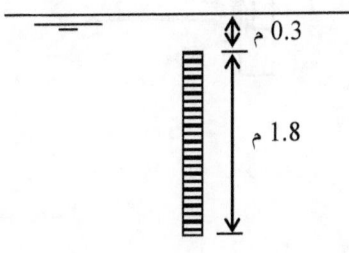

## الحل:

- Location of CG $(\bar{y}) = (0.3 + 1.8/2) = 1.2m$

  - قوة الدفع على جانب واحد من اللوح

- Resultant force on gate (R) = $\gamma A \bar{y}$ = 1000*9.81*1.5*1.2 = 31.78 kN

  - عمق مركز الضغط

- Area = 1.8*1.5 = 2.7 m$^2$

- Moment of inertia about CG = 1.5*1.8$^3$/12 = 0.729 m$^4$

- $y_p = \bar{y} + \dfrac{I_G \sin^2 \theta}{A y^-} = 1.2 + \dfrac{0.729 * \sin^2 90}{2.7 * 1.2} = 1.425 \; m$

18) بوابة قطرها 1.2 متر موضوعة على حائط رأسي لحوض يحوي زيت كثافته النسبية 0.9. وتفتح البوابة حول مرتكز أفقي (أ) يقع على بعد 4 سم أدنى نقطة مركز الثقل CP. أوجد الإرتفاع "h" الذي يمكن أن يرتفع إليه الماء دون حدوث عدم توازن بعزم في اتجاه عكس اتجاه الطواف حول المرتكز (أ). وأوجد محصلة قوة الضغط المؤثرة علىالبوابة عند فتحها. (الإجابة: 1.65م، 22.5 كيلو نيوتن)

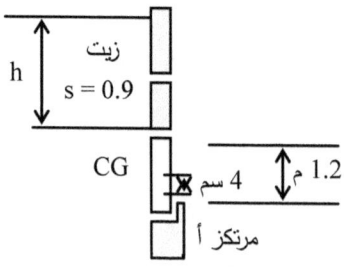

## الحل:

إذا اتحد مركز الضغط ومحور أ، فعندها لا يوجد عزم غير متوازن يعمل على البوابة.

يقع مركز الضغط على المسافة $y_p$.

$$y_p = \bar{y} + \frac{I}{\bar{y}A} \quad I = \frac{\pi d^4}{64} = \frac{\pi (1.2)^4}{64} = 0.1018$$

$$A = \frac{\pi}{4} d^2 = \frac{\pi}{4}(1.2)^2 = 1.131$$

$$\bar{y} = h + \frac{1.2}{2} = d + 0.6$$

غير أنه معطى $y_p - \bar{y} = 4/100 = 0.04$

$$\therefore 0.04 = \frac{I}{\bar{y}A} = \frac{\pi (1.2)^4 / 64}{(h + 0.6)\frac{\pi}{4}(1.2)^2} = \frac{0.09}{d + 0.6}$$

$h+0.6 = 2.25$ ومن ثم $h = 1.65$ m

ثم قيمة القوة

$$F = \gamma \bar{h}A = \gamma \bar{y}A = 0.9 \times 1000 \times 9.81 \times (1.65 + 0.6)\pi (1.2)^2 /4 = 22.5 \text{ kN}$$

19) السد في الشكل ربع دائرة عرضها    30 متراً. أوجد مركبة القوة الأفقية والرأسية ومحصلة قوة الضغط المائي المؤثرة على السد. وأوجد نقطة تأثير هذه المحصلة. (الإجابة: 33.1 كيلو نيوتن، 52 كيلو نيوتن، 61.6 كيلو نيوتن، (5،6.4))

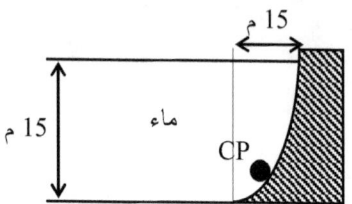

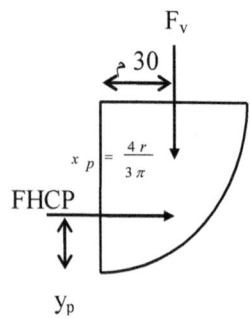

الحل:

$\bar{h} = 15/2 = 7.5 \ m$

المسافة المسقطة = 15×30

$F_H = \gamma \ \bar{h}A = \rho g \ \bar{h}A = 9.81 \times 1000 \times 7.5(15 \times 30) = 33.11 \ MN$

$F_V = \gamma \forall = 9.81 \times 1000 [\pi \ (15)^2 \times 30/4] = 52 \ MN$

$$F_R = \sqrt{F_H^2 + F_V^2} = \sqrt{33.11^2 + 52^2} = 61.6 \ MN$$

$$\theta = \tan^{-1} \frac{F_V}{F_h} = \tan^{-1} \frac{52}{33.11} = 57.5°$$

$$x_p = \frac{4r}{3\pi} = \frac{4 \times 15}{3\pi} = \underline{6.4 \ m} \qquad y_p = \frac{15}{3} = \underline{5 \ m}$$

20) إناء أسطواني الشكل قطره 0.5 متر ومحوره رأسي ممتلئ بالماء لعمق 1.5 متر. أوجد الضغط الكلي على السطح المنحني. وأوجد محصلة القوة المؤثرة على هذا السطح. (الإجابة: 5.8 كيلو نيوتن)

الحل:

الضغط الكلي على السطح المنحني = مساحة السطح المغمور × الضغط على مركز الثقل

$\bar{h}=1.5/2=0.75 \ m$ ، مساحة السطح المنحني = $(\pi \times 0.5 \times 1.5)$

$F = \gamma \ \bar{h}A = 1000 \times 9.81 \times 0.75 (\pi \times 0.5 \times 1.5) = 5.8 \ kN$

ونسبة لأنه لأي قوة على عنصر من المساحة في جانب واحد من الأسطوانة توجد قوة مساوية لها ومعاكسة لها في الإتجاه في الجانب الآخر، وعليه فمحصلة القوة المؤثرة = صفر وإلا فإن الإناء الأسطواني سوف يتحرك.

21) خزان ذو واجهة أمامية منحنية مصممة تبعاً للعلاقة $Y = X^2/4$ . إذا كان عمق الماء المحجوز بواسطة الخزان يساوي 12m .جد مقدار ومحصلة واتجاه القوى الهايدروستاتيكية الناتجة عن ضغط الماء على الخزان.

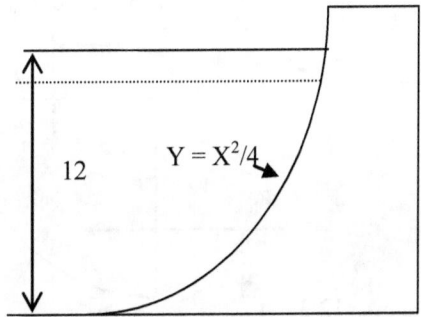

الحل:

Use curve equation $Y = X^2/4$ to find quarter-circle width
For dam depth of y = 12 m
$12 = x^2/4$
Giving x = 6.93 m

$$F_v = \int_A P\cos\emptyset . dA = \gamma \int_A dV = \gamma V$$

Where:

dA    = element area

$\phi$     = angle made by area normal with negative x direction

h     = distance from area element to free surface

cos$\phi$.dA = projection of dA on a horizontal plane

dV    = volume of prism

$\gamma$     = specific weight of fluid

a) h' = 12/2 = 6, projected area A = 12*1 (unit width)

$F_h = \gamma h'A = \rho g h'A = 1000*9.81*6*12*1 = 706$ kPa

$F_v = \gamma V = 1000*9.81*(\pi*12^2*1/4) = 1110$ kPa

$$F_R = \sqrt{F_h^2 + F_v^2} = 1316\ kPa$$

$\phi = \tan^{-1}(F_v/F_h) = 57.53°$

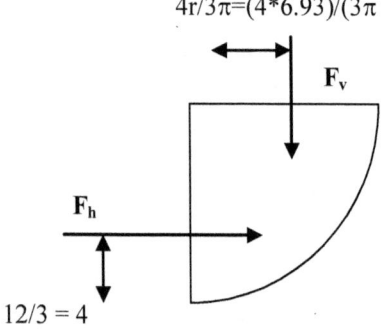

4r/3π=(4*6.93)/(3π

$F_v$

$F_h$

12/3 = 4

92

(22)    لوح دائري قطره   1.5   متر تم غمره تحت سطح ماء على درجة حرارة     20°م
بحيث أن المسافة الرأسية لمحيطه تقع على أبعاد   0.5  م و  1.5  م أدنى سطح الماء
كما موضح في الشكل. جد القوة الكلية المؤثرة على جانب اللوح والارتفاع الرأسي
لمركز الضغط أدنى سطح الماء. (الإجابة: 17.3 كيلو نيوتن، 0.9 م)

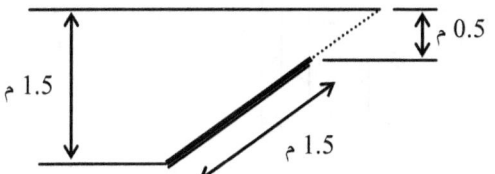

الحل

T = 20°C

$\sin\theta = (1.5 - 0.5)/2 = 0.5,\quad \theta = 30°$

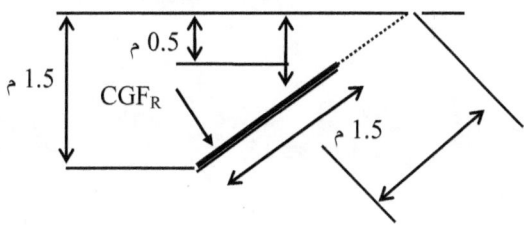

$\bar{h} = \bar{y}\sin\theta = 0.5 + (2\sin\theta)/2 = 0.5 + 0.5 = 1\ m$

$A = \pi\,(1.5)^2\,/4 = 1.77\ m^2$

$F = \gamma\,\bar{h}A = 1000 \times 9.81 \times 1 \times 1.77 = 17.3\ kN$

$$y_p = \bar{y} + \frac{I_G}{A\bar{y}}, \qquad \bar{y} = \frac{0.5}{\sin 30} + \frac{1.5}{2} = 1.75\ m$$

$$I_G = \frac{\pi}{4}r^4 = \frac{\pi}{4}\left(\frac{1.5}{2}\right)^4 = 0.25\ m^4$$

$$y_p = 1.75 + \frac{0.25}{1.77 \times 1.75} = 1.83$$

$$\bar{h} = y_p \sin 30 = 1.83 \sin 30 = \underline{\underline{0.9\ m}}$$

23) باب ماسورة AB قطره 1.8 متر يتأرجح حول مفصلة أفقية 10 سم تحت مركز C الثقل. إلى أي عمق يمكن أن ترتفع المياه دون أن تسبب عزم غير موزون حول المفصلة. (الإجابة: 1.16 متر)

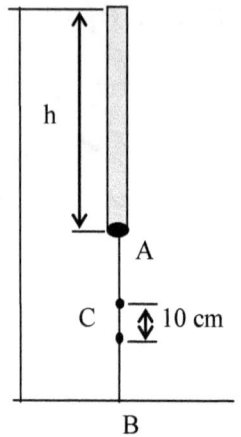

**الحل:**

إذا تطابقت C مع مركز الثقل فسوف لا يكون هناك عزم غير موزون

مركز الضغط $\bar{H} = \bar{y} + \frac{I_C}{A\bar{y}}$

$$\bar{H} - \bar{y} = \frac{I_C}{A\bar{y}} = 0.1$$

$$A = \frac{\pi d^2}{4} = \frac{3.14 \times 1.8^2}{4} = 2.54 \text{ m L}$$

$$I_C = \frac{\pi d^4}{64} = \frac{3.14 \times 1.8^4}{64} = 0.52 \text{ m}^4$$

$$\bar{y} = (0.9 + h)\text{m}$$

$$\therefore \frac{0.52}{2.5^4(0.9 + h)} = 0.1 \text{ m}$$

$$\therefore 0.52 = 0.1 \times 2.54(0.9 + h) = 0.23 + 0.25h$$

$$\therefore h = \frac{0.52 - 0.23}{0.25} = \underline{\underline{1.16}} \text{ m}$$

فوق A

24) الشكل يوضح بوابة اسطوانية تحجز ماء. اذا كان طول البوابة    1 متر ونقطة التلامس عند A ناعمة، جد وزن الاسطوانة وقوة الضغط عند A.

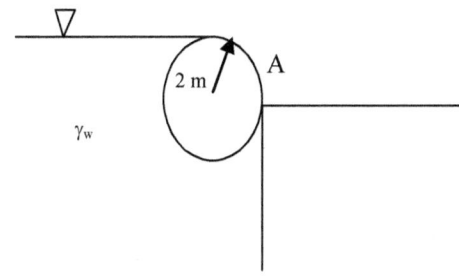

الحل

1- المعطيات: h1 = 2 م، h2 = 1 م، L = 1 م

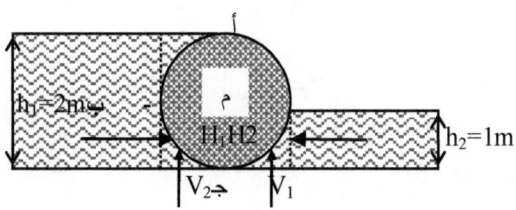

2- جد القوة الأفقية المؤثرة على الأسطوانة $H_1$ و $H_2$

$$H_1 = \rho g \overline{h_1} A$$

$$= \rho g \frac{h_1}{2} . h_1 = \frac{1}{2} \rho g h_1^2$$

$$= \frac{1}{2} \times 1000 \times 9.81 \times 2^2 = 19.6 \ kN/m$$

$$H_2 = \frac{1}{2} \rho g h_2^2 = \frac{1}{2} \times 1000 \times 9.81 \times 1^2 = 4.9 \ kN/m$$

ثم يمكن إيجاد محصلة القوى الأفقية $F_H$ لتساوي:

$$F_H = H_1 - H_2 = 19.6 - 4.9 = 14.7 \ kN/m$$

3- جد مقدار القوى الرأسية المؤثرةعلى الأسطوانة

$V_1$ = حجم الماء الذي يمكن أن يملأ المساحة أ ب جـ م

$$V_1 = \frac{1}{2}\left(\frac{\pi}{4}(2)^2 \times 9.81 \times 1000\right) = 15.41 \ kN \ / \ m$$

$V_2 = $ حجم الماء الذي يمكن أن يملأ المساحة جـ د م

$$V_2 = \frac{1}{4}\left(\frac{\pi}{4}(2)^2 \times 9.81 \times 1000\right) = 7.7 \ k \ N \ / \ m$$

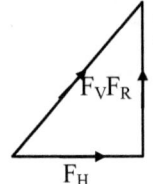

وعليه القوة الرأسية الكلية      $F_V = V_1 + V_2 = 23.11 \ kN$

4- جد مقدار محصلة القوة thrust

$$F_R = \left(\sqrt{F_v^2 + F_H^2}\right) x1 = \left(\sqrt{23.11^2 + 14.7^2}\right) x1 =$$

5- جد اتجاه المحصلة    $\theta = \tan^{-1}\frac{F_V}{F_H} = \frac{23.11}{14.71} = 57.5°$

وتمر المحصلة بالنقطة م.

25) عرف المائع المثالي.أنبوب يتغير قطره من   200mm   إلى   100mm   إذا كان تصريف الماء المار في الماسورة   Q = 0.08m³/s   جد فاقد الضغط   Δπ   علماً بأن ارتفاع محور الماسورة عن خط الاسناد عند القطرين   200mm   و   100mm   هو 13.5m   و   12.1m   على الترتيب.

الحل

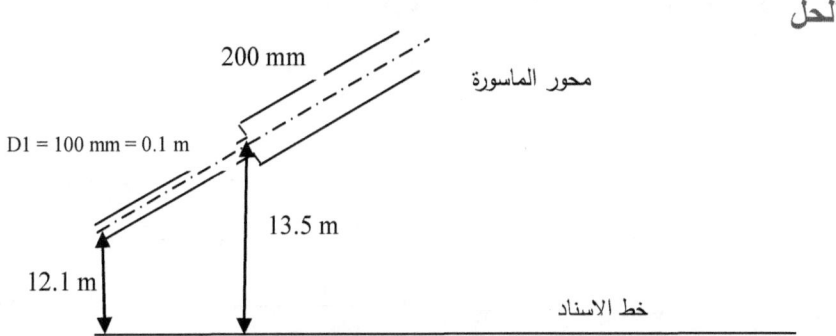

عند تطبيق معادلة أويلر ومعادلة برنولي على مائع مثالي فإن السمت المفقود = صفر . بتطبيق معادلة برنولي عند مدخل المقطع الأول ومخرج المقطع الثاني للأنبوب

$$\left(\frac{P_1}{\rho} + \frac{v_1^2}{2g} + z_1\right)_l = \left(\frac{P_2}{\rho} + \frac{v_2^2}{2g} + z_2\right)$$

From continuity equation: Q = v*A
Q = 0.08 m³/s = $v_1$*$A_1$ = $v_2$*$A_2$
$v_1$ = 0.08/(π*0.1²/4) = 10.18 m²/s
$v_2$ = 0.08/(π*0.2²/4) = 2.55 m²/s
$z_1$ = 12.1 m
$z_2$ = 13.5 m
Thus head loss = $P_1$-$P_2$ may be found as:
$$P_1 - P_2 = \rho\left(\frac{v_2^2}{2g} + z_2 - \frac{v_1^2}{2g} - z_1\right) = 1000\left(\frac{10.18^2}{2*9.81} + 13.5 - \frac{2.55^2}{2*9.81} - 12.1\right) = 7.01$$

26) الشكل يوضح أن B, A في مستوي أفقي واحد، أوجد التصريف الكلي Q و قارن الضغط بين B, A لجريان الماء إذا كان:

V1 = 0.6m/s D1 = 200mm

V2 = 0.6m/s D2 = 250mm

V3 = 0.4m/s D3 = 300mm

## الحل

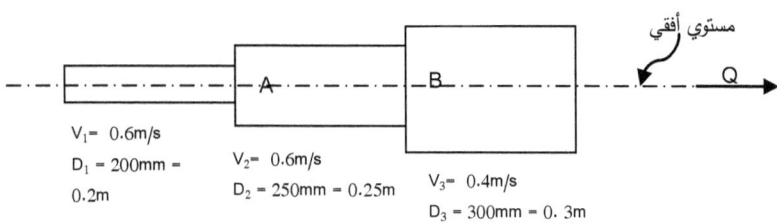

B

Use continuity equation: Q = vA for all pipes
Total flow = $Q_1 + Q_2 + Q_3 = v_1*A_1 + v_2*A_2 + v_3*A_4 = 0.6*(\pi*0.2^2/4)$ $+0.6*(\pi*0.25^2/4) + 0.6*(\pi*0.3^2/4) = m^3/s$
Using Bernoulli's equation

$$\left(\frac{P_1}{\rho}+\frac{v_1^2}{2g}+z_1\right)_1 = \left(\frac{P_2}{\rho}+\frac{v_2^2}{2g}+z_2\right)$$

$z_1 = z_2$ same level

Then pressure between A and B would be

$$P_A - P_B = \rho\left(\frac{v_2^2}{2g}-\frac{v_1^2}{2g}\right) = 1000\left(\frac{0.6^2}{2*9.81}-\frac{0.6^2}{2*9.81}\right) = 0$$

27) بوابة مستطيلة الشكل أبعادها 6 : 2 متر موصلة بمفصل عند القاعدة و مائلة بزاوية 60 درجة علي الأفقي ، الطرف العلوي للبوابة يظل ثابتاً في موضعه عن طريق وزن قدره 60 كيلو نيوتن و يؤثر بزاوية 90 درجة كما هو موضح بالشكل، بإهمال وزن البوابة أوجد مستوي الماء الذي يجعل البوابة تسقط.

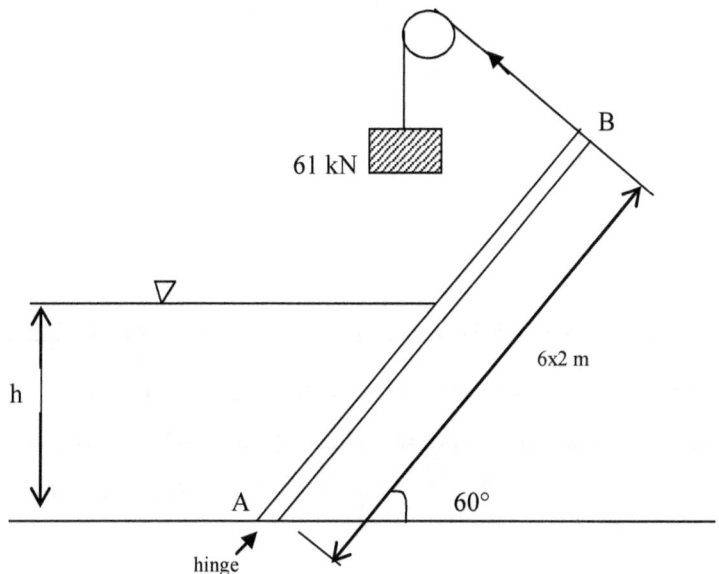

الحل:

1) لتسقط البوابة يجب أن تكون محصلة القوى الهيدروستاتيكية على البوابة أكبر من أو مساوية لقيمة الشد في الحبل والذي يحافظ على وضع الطرف العلوي للبوابة. أي:

Resultant force on gate $(F_R)$ = 60kN

2) And: Resultant force on gate is: $F_R = \gamma A \bar{y}$

Both A and $\bar{y}$ depends on the unknown depth, h.

3) Submerged Gate Area (A) = 2*(6−h/sin60)

4) Location of CG $(\bar{y})$=h/2

5) Substitute in $F_R$:

$$F_R = 60000 = \gamma \times 2 \times \left(6 - \frac{h}{\sin 60}\right) \times \frac{h}{2}$$

$$60000 = \gamma h \left(6 - \frac{h}{\sin 60}\right)$$

$$60000 \sin 60 = 6\gamma h \sin 60 - \gamma h^2$$

$$h^2 - 5.2h + 5.3 = 0$$

$$h = \frac{-b \pm \sqrt{b^2 - 4ac}}{2a}$$

h= 3.8 m, or 1.4 m.

take lower value: h = 1.4 m.

28) البوابة المستطيلة AB تحجز مائع كثافته النسبية 0.85 كما هو موضح بالشكل. إذا كان طول البوابة يساوي 3.0m وعرضها 2.0 أحسب:القوة التي يعمل بها المائع على البوابة AB، ومركز الضغط لهذه القوة، والقوة $F_B$ المؤثرة عند النقطة B لجعل هذه البوابة مغلقة.

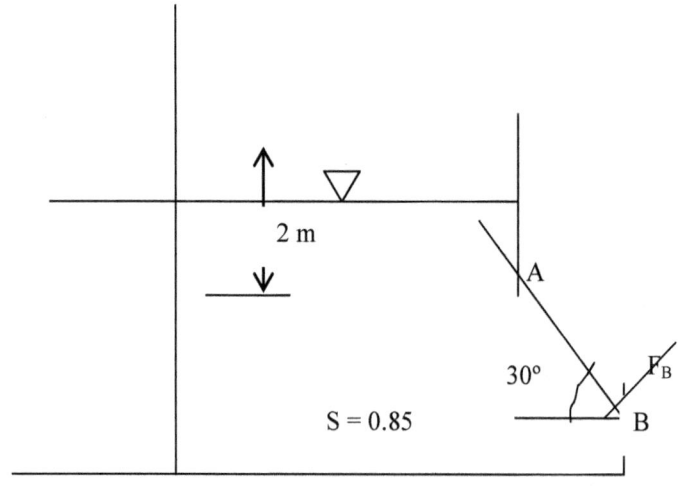

الحل:

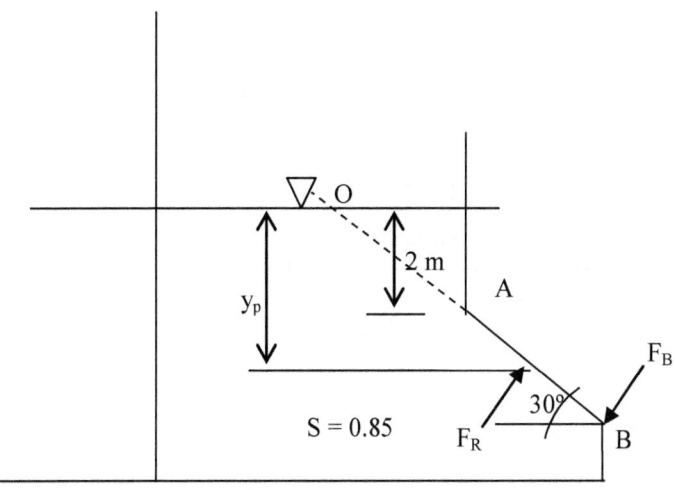

1) Gate Area (A) = 3*2 = 6 m$^2$

2) Location of CG $(\bar{y})$ = $2 + \frac{3 \times sin\,30}{2}$ = 2.75 m

3) <u>Resultant force on gate</u> (F$_R$) = $\gamma A \bar{y}$ =

   0.85*1000*9.81*6*2.75= 137.59 kN.

4) Second moment of inertia (I$_{sc}$) = 2*3$^3$/12 = 4.5 m$^4$

5) <u>Center of pressure</u> (y$_p$) = $\bar{y} + \frac{I_{xG}}{\bar{y}A}$ = $2.75 + \frac{4.5}{2.75*6}$ = 3.02 m

6) <u>To find closing force</u> (F$_B$):take moments at O:

   F$_B$*(3+2/sin30) = F$_R$*y$_p$/sin30

   F$_B$*7 = 137.59 *6.04 = 118.72 kN

**29)** بوابة دائرية الشكل قطرها D بها فتحة دائرية صغيرة قطرها d إذا علمت أن D = 4d وكانت البوابة غاطسة كلياً في الماء ومائلة بزاوية ϕ مع الأفقي > أثبت أن محصلة الضغط على البوابة يمكن أن تعطي بالعلاقة:

$$\frac{\gamma \pi D^2}{64} \left[ 3\frac{1}{4} D \sin + 15\, a \right]$$ . كم تساوي المحصلة إذا كانت الفتحة مغلقة.

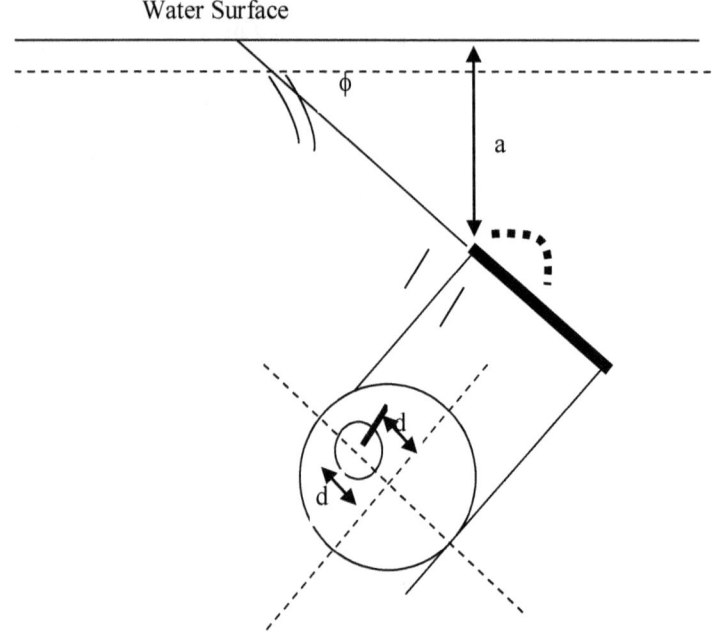

Water Surface

ϕ

a

d

d

**الحل:**

المعطيات: بوابة دائرية الشكل، قطر البوابة D=، قطر الفتحة الدائرية بها d=، D = 4d، البوابة غاطسة كلياً في الماء، زاوية الميل ϕ مع الأفقي

بوابة دائرية بها فتحة دائرية صغيرة

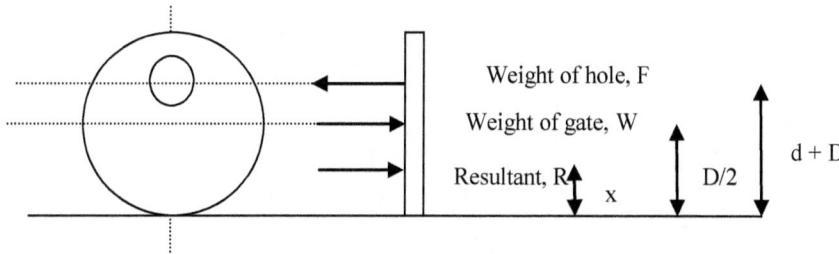

Weight of hole, F

Weight of gate, W

Resultant, R      x

D/2

d + D/2

Weight of gate $= W == \dfrac{\pi}{4}D^2\gamma$

Distance of centroid of gate from datum = D/2

Weight of hole $= F = \dfrac{\pi}{4}d^2\gamma = \dfrac{\pi}{4}\left(\dfrac{D}{4}\right)^2\gamma = \dfrac{\pi}{64}D^2\gamma$

Distance of centroid of gate from datum = d + D/2

Resultant acting on gate $= R = W - F = \dfrac{\pi}{4}D^2\gamma - \dfrac{\pi}{64}D^2\gamma = \dfrac{15}{16}\pi D^2\gamma$

Distance of centroid of resultant from datum = x

Taking moments

R*x = W*(d/2) – F*(d+D/2)

Substituting values and solving for x gives

Distance of centroid of resultant from datum = x = D/10

1) Location of CG ($\bar{y}$) = a + (D/10)*sinϕ/2) m

2) Resultant force on gate (F) = $\gamma A\bar{y}$ = γ*A*(a − (D*sinϕ/10))

$$F = \gamma A\bar{y} = \gamma\left[\frac{\pi}{4}D^2 - \frac{\pi}{4}d^2\right]\left(a + \frac{D sin(\varphi)}{20}\right)$$

$$F = \gamma A\bar{y} = \gamma\left[\frac{\pi}{4}D^2 - \frac{\pi}{4}\left(\frac{D}{4}\right)^2\right]\left(a + \frac{D sin(\varphi)}{20}\right)$$

$$F = \gamma A\bar{y} = \gamma * \frac{\pi}{64}D^2[16 - 1]\left(a + \frac{D sin(\varphi)}{20}\right)$$

$$F = \gamma A\bar{y} = \gamma * \frac{\pi}{64}D^2\left(15a + \frac{15 D sin(\varphi)}{20}\right)$$

$$F = \gamma A\bar{y} = \gamma * \frac{\pi}{64}D^2\left(15a + \frac{3 D sin(\varphi)}{4}\right)$$

إذا كانت الفتحة مغلقة:

3) Location of CG ($\bar{y}$) = a +(D*sinϕ/2) m

4) Resultant force on gate (F) $=\gamma A\bar{y} = \gamma {*} A {*} (a - (D {*} \sin\phi/2))$

$$F = \gamma A\bar{y} = \gamma \left[\frac{\pi}{4}D^2 - \frac{\pi}{4}d^2\right]\left(a + \frac{D\sin(\varphi)}{2}\right)$$

$$F = \gamma A\bar{y} = \gamma \left[\frac{\pi}{4}D^2 - \frac{\pi}{4}\left(\frac{D}{4}\right)^2\right]\left(a + \frac{D\sin(\varphi)}{2}\right)$$

$$F = \gamma A\bar{y} = \gamma {*} \frac{\pi}{64}D^2[16 - 1]\left(a + \frac{D\sin(\varphi)}{2}\right)$$

$$F = \gamma A\bar{y} = \gamma {*} \frac{\pi}{64}D^2\left(15a + 15\frac{D\sin(\varphi)}{2}\right)$$

# الفصل الخامس

# الطفو

# Buoyancy

## 5-8 تمارين عامة

## 5-8-1 تمارين نظرية

1) عرف التالي: قوة الطفو، ومركز الطفو، والمركز البيني. وضح إجابتك برسومات مناسبة.

**الحل:**

قوة الدفع (قوة الطفو) هي محصلة      القوى الرأسية التي يؤثر بها السائل على الأجسام المغمورة (جزئياً أو كلياً) أو الطافية فيه باتجاه معاكس لوزنها.

2) ما مقدار محصلة القوى الأفقية على جسم مغمور في سائل.

**الحل:**

ليس لقوى الطفو مركبة أفقية لأن الدفع الأفقي متساوي في كل الاتجاهات على سطح عمودي على الجسم.

3) ما مقدار محصلة القوى الرأسية على جسم مغمور في سائل.

**الحل:**

محصلة قوى الدفع إلى أعلى تساوي المائع المزاح بوساطة الجسم.

105

4) بين نظرية أرخميدس وفوائدها في الحياة العملية.

**الحل:**

نظرية ارخميدس " عند غمر جسم في مائع في حالة اتزان تحت تأثير وزنه وقوى الدفع المسلطة عليه من المائع المحيط فان محصلة قوى الدفع (قوى الطفو) من المائع للجسم المغمور مساوية ومعاكسة لوزن المائع الم زاح مكان الجسم. وتمر هذه المحصلة بمركز الثقل centre of gravity لذلك المائع.

5) ما العوامل المؤثرة على نقطة مركز الطفو لجسم مغمور في سائل؟

**الحل:**

تأثير وزن الجسم المغمور وقوى الدفع المسلطة عليه من المائع المحيط.

6) هل من الضروري أن يمر مركز الطفو كله بمركز الجسم؟ لماذا؟

**الحل:**

يعتمد مركز الطفو على شكل وحجم المائع. وعادة يختلف عن مركز الثقل الذي يعتمد على طريقة توزيع وزن المائع عبر حجمه.

7) ما الفرق بين الاتزان المستقر والاتزان غير المستقر للجسم المغمور في مائع؟

**الحل:**

يبين الجدول التالي الفرق بين الاتزان المستقر والاتزان غير المستقر للجسم المغمور في مائع.

| | الاتزان المستقر | الاتزان غير المستقر |
|---|---|---|
| موضع مركز الثقل | مركز الثقل تحت مركز الطفو | مركز الثقل أعلى من مركز الطفو |
| عزم المؤثر | عزم إرجاع أو عزم إصلاح | عزم قلب |
| موضع مركز الطفو بالنسبة | في نفس الموضع | في نفس الموضع |

106

| | | |
|---|---|---|
| للجسم عند الامالة | | |
| قيمة الارتفاع البيني | موجبة | سالبة |

8) ما العوامل المؤثرة على استقرار الأجسام الطافية؟

**الحل:**

قوة الدفع إلى أعلى ووزن الجسم ووضع الاتزان.

**9)** وضح تجربة عملية لتحديد الارتفاع البيني لأنموذج مركب.

**الحل:**

انظر الفصل 5-6 لتحديد الارتفاع البيني في الكتاب.

## 5-8-2 تمارين عملية

1) جد العمق الذي تهبط إليه كتلة طولها متران ونصف، وقطرها متر واحد في ماء عذب؛ علماً بأن كثافتها النسبية 0.4، وأن مركز ثقل الكتلة أعلى سطح الماء نسبة لأن كثافتها النسبية أقل من 0.5. (الإجابة: 0.42م)

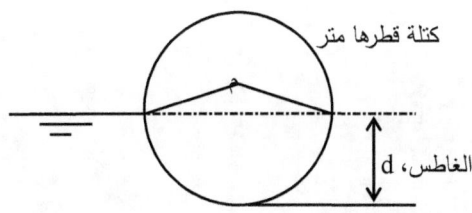

**الحل:**

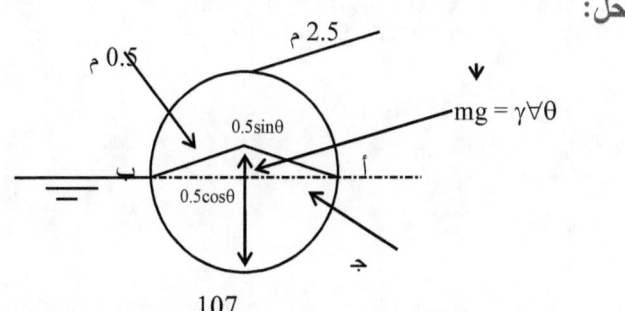

wt. of log = wt. of displaced liquid sector - 2 triangles

$s.g\rho V_{log}.g = \gamma_{fluid\ displaced} V$

$0.5 sin\theta$

$0.4\times1000\times(\pi/4)(1)^2\times2.5\times g = 10^3 g\times2.5\ ((2\theta/360)\ \times0.5^2\pi\ -\ 2\times(1/2)\ \times0.5$
$sin\theta\times0.5cos\theta)$

$0.3142\ = (2\theta/360)\ \times0.5^2\pi - 0.5^2\ sin\theta cos\theta$
$\qquad = (2\theta/360)\ \times0.5^2\pi - (0.5^2/2)\ sin2\theta$

$0.3142 = 4.3633231\times10^{-3}\ \theta - 0.125\ sin2\theta$

جد عن طريق التجربة والخطأ قيمة $\theta = 81$

جد العمق الذي تهبط إليه الكتلة: دج = depth of flotation = $0.5 - 0.5\ cos\theta$ = 0.42 m

2) أسطوانة متجانسة كثافتها النوعية s وقطرها D وطولها L تطفو في ماء بحر كثافته $\rho$ أثبت أن شرط الطفو المتزن للأسطوانة على المحور العمودي هو

$$\left(\frac{D}{L}\right)^2 \geq 8\ s\ (1 - s)$$

الحل:

المعطيات: R, h

افترض الكثافة النسبية للأسطوانة sp

(أ) للطفو بمحور رأسي كما مبين في الشكل فإن حجم الماء المزاح يساوي

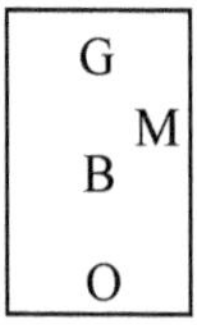

$V = \pi D^2 lsp/4$

والعزم الثاني للمساحة هو

$I=\pi D^4/64$

Thus, $I/V=D^2/16lsp$

From the condition of flotation,

$sp*\pi D^2 lsp/4=\pi D^2 h/4$

Thus, $h = sp*l$

$BG = OG - OB = (l/2) - (spl/2)$

والارتفاع البيني

$GM = (I/V) - BG = (D^2/16lsp) - (l/2) + (spl/2)$

or, $GM/l = (1/16sp)(D/l)^2 - (l/2) + (spl/2)$

ولأحوال مستقرة يجب أن يكون GM موجب وعليه

$(1/16sp)(D/l)^2 - (l/2) + (spl/2) \geq 0$

or, $D/l \geq \sqrt{8sp*(1 - sp)}$

$R/h > \sqrt{2\ sp\ (1 - sp)}$

108

3) تزن سفينة 60 ميجا نيوتن ومقطع خط الماء لها كما مبين في الشكل أدناه. إذا علم أن مركز الطفو على بعد 1.5 متر أدنى مستوى سطح ماء البحر، أوجد أقصى ارتفاع مسموح به لمركز الثقل أعلى خط الماء لحالة اتزان سكوني (كثافة ماء البحر = 1025 كجم/م$^3$). (الإجابة: 1.74 م)

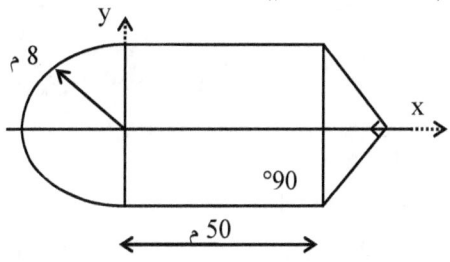

الحل

- وزن السفينة: $w = 60 \times 10^6 \ N$

- الأسلوب الحرج للاتزان يحدث بالتدحرج حول المحور   x-x   الطولي الذي يكون فيه أقل مقدار لعزم القصور. ومن ثم الحجم:

$$V = \frac{w}{\rho g} = \frac{60 \times 10^6}{1025 \times 9.81} = 5967 \ m^3$$

$I_{xx} = I_{xx} \ semicircle + I_{xx} \ rectangle + I_{xx} \ triangle$

$$= \frac{1}{2} \frac{\pi \left(8^4\right)}{4} + 50 \times \frac{16^3}{12} + \frac{8 \times 16^3}{48} = 19357.8 \ m^4$$

إذن الارتفاع البيني أعلى مركز الطفو

$BM = I/\forall = 193578/5976 = 3.24 \ m$

ارتفاع الطفو 1.5 م تحت السطح نسبة لأن خط المركز البيني أعلى مركز الثقل، وأقصى ارتفاع مسموح به لمركز الثقل يساوي 3.24 – 1.5 = 1.74 م أي 1.74 متر أعلى سطح الماء.

4) بنطون على شكل متوازي مستطيلات عرضه   8 متر وطوله   15 متر وغاطسه (draught) 1.5 م في الماء العذب الذي على درجة حرارة 20°م:

- جد وزن البنطون

- جد الغاطس في ماء بحر كثافته 1025 كجم/م$^3$.

• جد الحمل الذي يمكن أن يتحمله البنطون في الماء العذب إذا كان أقصى غاطس مسموح به حوالي 2.2 متر. (الإجابة: 1762 كيلو نيوتن، 1.46 م، 499 كيلو نيوتن)

## الحل

عندما يكون البنطون عائماً في حالة عدم حمل:

الدفع العلوي up thrust على الحجم المغمور = وزن البنطون

(أ) ومن ثم: وزن البنطون = وزن المائع المزاح في الماء العذب = ρgBLd

$$\rho gBLd = 998 \times 9.81 \times 8 \times 15 \times 1.5 = 1762 \text{ kN}$$

(ب) في الماء المالح: $\rho = 1025 \text{ kg/m}^3$، الغاطس في الماء الملح

$$\therefore \text{drought in sea water} = \frac{W}{\rho\, gdL} = \frac{1762268.4}{1025 \times 9.81 \times 8 \times 15} = 1.46$$

(ج) من أقصى غاطس drought 2.2 متر في الماء العذب: فإن الدفع العلوي الكلي يساوي وزن الماء المزاح ρgBLd

$$\rho gBLd = 998 \times 9.81 \times 7 \times 15 \times 2.2 = 2261.6 \text{ kN}$$

الحمل الذي يمكن دعمه يساوي الدفع العلوي – وزن البنطون = 2261.6 – 1762 = 499 كيلونيوتن

5) طافية إرشاد buoy أسطوانية الشكل ارتفاعها 3 م وقطرها 1.5 م وكتلتها 800 كجم. أثبت أن الطافية لا يمكنها الطفو على محورها للأعلى في ماء البحر. إذا تم ربط أحد أطراف السلسلة الرأسية إلى قاعدة الطافية، أوجد مقدار الشد المناسب المطلوب لجعل الطافية رأسية. يمكن أخذ مركز الطافية على منتصف الارتفاع (كثافة ماء البحر 1025 كجم/م³). (الإجابة: 10.6 كيلو نيوتن)

## الحل:

• المعطيات: m = 800 كجم، ρ = 1025

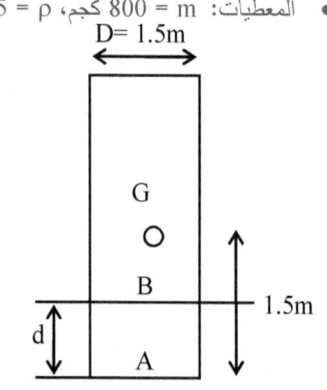

Without anchorchain

volume of water displaced = m/γ

$$V = \frac{m}{\rho g} = \frac{800 \text{ kg}}{1025 \text{ kg/m}^3} = 0.78 \text{ m}^3 \text{ M}$$

depth of buoy immerced $= d = \frac{V}{\pi \gamma^2} = \frac{0.78}{\pi \left(\frac{1.5}{2}\right)^2} = 0.44\ m$

G
height of centre of buoyancy above base AB = d/2 = 0.44/2 = 0.22 m
height of c.g. above base = AG = 3/2 = 1.5m
1.5m
BG = AG - AB = 1.5 - 0.22 = 1.28m
A

$$BM = \frac{I}{V} = \frac{2nd\ moment\ of\ area\ of\ surface\ of\ flotation\ about\ the\ longitudinal\ axis}{immersed\ volume}$$

$$= \frac{\pi r^4 / 4}{V} = \frac{\pi \left(\frac{1.5}{2}\right)^4 / 4}{0.78} = 0.32\ m$$

الارتفاع البينيGM

GM = BM - BG = 0.32 - 1.28 = - 0.96m

الارتفاع البيني السالب يدل على عدم اتزان الطافية. ومن ثم فإن الطافية لا يمكنها الطفو ومحورها رأسي في الماء الملح

دون ربط <u>With anchor chain</u>

R = T + W = T + 800×9.81 = T + 7848 (1)

الحجم الجديد المزاح هو

new displacement volume = R/ρg

$$V_{new} = \frac{R}{1025 \times 9.81} = \frac{R}{10055.25}$$

$$\therefore\ new\ drought = \frac{V_{new}}{A} = \frac{R/10055.25}{\pi \left(\frac{1.5}{2}\right)^2} = \frac{R}{17769.1}$$

height of centre of buoyancy above A = $d_{new}/2$ = R/35538.2 = AB

$$BM = \frac{I}{\forall} = \frac{\pi \left(\frac{1.5}{2}\right)^4 / 4}{R / 10055.25} = \frac{2498.8}{R}$$

$$AM = AB + BM = \frac{R}{35538.2} + \frac{2498.8}{R}$$

AG = 3/2 = 1.5 m

$$GM = AG - AM = 1.5 - \frac{R}{35538.2} - \frac{2498.8}{R}$$

وللاتزان، بأخذ العزوم حول G

$$1.5T = R(GM) \qquad (2)$$

وبتعويض المعادلة (1) في (2)

$$1.5\left(R - 7848\right) = R\left(1.5 - \frac{R}{35538.2} - \frac{2498.8}{R}\right)$$

$$1.5\left(R - 7848\right) = 1.5R - \frac{R^2}{35538.2} - 2498.8$$

$$1.5R - 11772 = 1.5 - \frac{R^2}{35538.2} - 2498.8$$

$$\frac{R^2}{35538.2} = 9273.2$$

$$R = 18444.9\,N$$

$$T = R - 7848 = 18444.9 - 7848 = \underline{\underline{10.6\,kN}}$$

6) بارجة في شكل صندوق مقفول طولها 20 م وعرضها 4 م تطفو فوق الماء. إذا كان أسفل البارجة 1.5 م تحت السطح الحر للماء ما قوى الماء المسلطة على جانب طولي من البارجة وما عمق مركز الضغط من سطح الماء؟ إذا تم تسليط ضغط جهاز منتظم داخل البارجة مقداره 50 كيلو نيوتن/م$^2$ ما محصلة القوى على الجانب الطولي؟ وما عمق مركزها من سطح الماء إذا كانت الحافة العليا للبارجة على ارتفاع 0.2 م من سطح الماء؟ (الإجابة: 220.7 كيلو نيوتن، 1م، 1479 كيلو نيوتن، 0.6 م)

الحل:

قوى الماء المسلطة على جانب طولي من البارجة

$$R = \rho g A\,\overline{y} = \frac{10^3 \times 9.81 \times 20 \times 1.5}{1000} \times \frac{1.5}{2} = \underline{\underline{220.725\,kN}}$$

عمق مركز الضغط من سطح الماء

$$D = \sin^2\varphi\left(\frac{k_G}{\overline{y}}\right) + \overline{y} = 1\left(\frac{1.5^2}{13 \times 0.75}\right) + 0.75 = \underline{\underline{1\,m}}$$

القوة بسبب الضغط تعادل 50×20(1.5 + 0.2) = 1700 كيلو نيوتن وتعمل للخارج

محصلة القوى على الجانب الطولي = 1700 − 220.725 = 1479.275 كيلو نيوتن

بأخذ عزوم حول سطح الماء

1479.275 y = 1700×0.65 - 220.725×1

$$y = \frac{884.275}{1479.275} = 0.59777 \approx \underline{0.6\,m} \text{(تحت السطح)}$$

7) قطعة من المعدن قوة الجاذبية الأرضية عليها 2 نيوتن في الهواء، ووجد أن قوة الجاذبية عليها 1.6 نيوتن عند غمرها في الماء. جد حجم القطعة وكثافتها النسبية. (الإجابة: 3.3)

الحل:

المعطيات: $F_{air}$ = 2.3 نيوتن، $F_{sub}$ = 1.6

يمكن تجاهل قوة الطفو من الهواء

2.3 = 1.6 + 9800∀
V = 7.14×10⁻⁵
s = w/γ∀ = 2.3/0.7 = 3.3

8) أثبت أن اسطوانة مربعة يمكنها الطفو في اتزان متعادل لحالة 0.1465 > S > 0 و 1 > S > 0.8535 حيث S الكثافة النسبية للأسطوانة المربعة.

الحل:

المعطيات: R, h

افترض الكثافة النسبية للأسطوانة sp

(أ) للطفو بمحور رأسي كما مبين في الشكل فإن حجم الماء المزاح يساوي

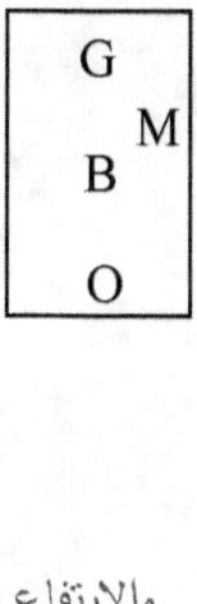

V = πD²lsp/4

والعزم الثاني للمساحة هو

I=πD⁴/64
Thus,　　　I/V=D²/16lsp
From the condition of flotation,
sp*πD²lsp/4=πD²h/4
Thus, h = sp*l
BG = OG - OB = (l/2) - (spl/2)

والارتفاع البيني: GM = (I/V) - BG = (D²/16lsp) - (l/2) + (spl/2)

113

or, $GM/l = (1/16sp)(D/l)^2 - (l/2) + (spl/2)$

ولأحوال مستقرة يجب أن يكون GM موجب وعليه

$(1/16sp)(D/l)^2 - (l/2) + (spl/2) \geq 0$

or, $D/l \geq \sqrt{8sp*(1 - sp)}$

$R/h > \sqrt{2 sp (1 - sp)}$

وبالنظر إلى أسطوانة مربعة فيها $\frac{D}{l} = 1$ فيمكن ايجاد الحدين للكثافة النسبية للطفو المستقر من شرط MG = 0، وهذا يعطي

$1 = 8sp*(1 - sp)$, or, $sp = 0.1465, 0.8535$

وبمقدور الأسطوانة المربعة الطفو باتزان مستقر عند $0 < sp < 0.1465$ and $0.8535 < sp < 1$

**9) خط مواسير حديد ينقل غاز بقطر داخلي 120 سم وقطر خارجي 125 سم موضوعة على قاع النهر ومغمورة كلياً بالماء ومثبتة على مسافات كل 3 متر على طولها. احسب قوة الطفو (بالنيوتن) لأعلى في كل مرسى مثبت. كثافة الحديد 7900 كجم/م$^3$، وكثافة الماء 1000 كجم/م$^3$. (الإجابة: 13742 نيوتن)**

## الحل:

قوة الطفو لوحدة المتر = الدفع لأعلى في المتر = وزن الماء المزاح على طول متر =F/M

$$\therefore F / M = 10^3 \times 9.81 \times \frac{\pi \times 1.25^2}{4} = \underline{\underline{12033}} \ N / M$$

بما أن المراسي مثبتة كل 3 م، إذن: قوة الدفع لأعلى = قوة الأطفاف – الوزن لثلاثة متر ماسورة

الوزن لـ3م ماسورة يعادل: $3 \times 7900 \times 9.81 \times \frac{\pi}{4} \times \left(1.25^2 - 1.20^2\right) = W = 22357$ N

قوة الأطفاف لـ3م = $3 \times 12033 = \underline{\underline{36099}}$ N

قوة الدفع لأعلى في المرسى: $3F - W = 36099 - 22357 = \underline{\underline{13742}}$ N

# الفصل السادس

# التماثل والتحليل البعدي والنماذج

# Similitude, Dimensional

# Analysis and Modeling

## 6-10 تمارين عامة

## 6-10-1 تمارين نظرية

1) ما نظرية باي لبكنجهام؟

**الحل:**

تنص نظرية باي لبكنجهام على أنه "إذا كانت هناك معادلة متجانسة بُعدياً من $k$ من المتغيرات، يمكن تخفيضها إلى علاقة بين نواتج ( $k - r$ ) لا بعدية ومستقلة (حدود باي Pi –terms)؛ حيث $r$ عبارة عن أقل رقم من الوحدات المرجعية ذات الصلة لوصف المتغيرات".

2) عرف التالي: رقم رينولدز، والوحدات المرجعية، والطول القياسي.

**الحل:**

رقم رينولدز يمثل نسبة قوى القصور الذاتي العاملة في عنصر من المائع إلى قوى اللزوجة فيه.

الأبعاد (الوحدات المرجعية) الرئيسة basic dimensions (MLT, FLT).

الطول القياسي كما في المعادة 6-3

$$\lambda_l = \frac{l_m}{l_p}$$

3) ما فائدة الأنمذجة في الحياة العملية للمشاريع المائية؟

**الحل:**

النموذج هو محاكاة لنظام فيزيائي يمكن استخدامه للتنبؤ بسلوك النظام في إطار مرغوب. وللحصول على كمية بيانات صائبة ودقيقة من دراسة الأنمذجة ينبغي وجود تماثل ديناميكي بين الأنموذج والأنموذج الأولي

4) بين نوع استخدام المتغيرات اللابعدية التالية: رقم فرود، ورقم ماش، ورقم ويبر ، ورقم أويلر .

**الحل:**

| | رقم فرود | رقم ماش | رقم ويبر | رقم أويلر |
|---|---|---|---|---|
| التعريف | قوة القصور الذاتي ÷ قوة الجاذبية الأرضية | قوة القصور الذاتي ÷ قوة الانضغاطية | قوة القصور الذاتي ÷ قوة التوتر السطحي | قوة الضغط ÷ قوة القصور الذاتي |
| الاستخدام | الدفق في سطح حر | مهم في مسائل الانضغاطية | مهم في مسائل التوتر السطحي | مهم في مسائل الضغط |
| الصيغة | $\frac{v}{\sqrt{gl}}$ | $\frac{v}{c}$ | $\frac{\rho v^2 l}{\sigma}$ | $\frac{P}{\rho v^2}$ |

**5)** ما الفرق بين الأنموذج والأنموذج الأولي؟

**الحل:**

النموذج هو محاكاة لنظام فيزيائي يمكن استخدامه للتنبؤ بسلوك النظام في إطار مرغوب. وللحصول على كمية بيانات صائبة ودقيقة من دراسة الأنمذجة ينبغي وجود تماثل ديناميكي بين الأنموذج والأنموذج الأولي.

## 2-10-6 تمارين عملية

1) أوجد وحدات معامل A وB في المعادلة المتجانسة الوحدات التالية:

$\frac{d^2 y}{d x^2} + A \frac{dy}{dx} + By = 0$ حيث: y = الطول وx = الزمن. (الإجابة: $T^{-1}$, $T^{-2}$)

**الحل:**

$$\frac{d^2 y}{d x^2} + A \frac{dy}{dx} + By = 0$$

$$\frac{d^2 y}{d x^2} = \frac{d}{dx}\left(\frac{dy}{dx}\right) = LT^{-2} = A \frac{dy}{dx} = A . LT^{-1}$$

$$A = \frac{LT^{-2}}{LT^{-1}} = T^{-1}$$

$$\frac{d^2 y}{d x^2} = LT^{-2} = By = B . L$$

$$B = \frac{LT^{-2}}{L} = T^{-2}$$

2) يمكن توضيح قوة السحب على لوح في شكل وردة washer وضعت عمودية على انسياب مائع معين على النحو المبين في المعادلة التالية: $F = f(D, d, u, \mu, \rho)$ حيث: D = القطر الخارجي، و d = القطر الداخلي، و u = سرعة انسياب الدفق، و $\mu$

= لزوجة المائع، و ρ = كثافة المائع. وبافتراض إجراء تجارب في نفق هوائي لإيجاد قوة السحب، جد القيم اللابعدية التي تفيد لترتيب البيانات؛ ويمكن في هذا الصدد استخدام D و u وρكمتغيرات متكررة. (الإجابة: $\frac{F}{D^2u^2\rho} = \phi\left(\frac{d}{D}, \frac{\rho u D}{\mu}\right)$)

## الحل

1. حدد المتغيرات ($F = f(D, d, u, \mu, \rho)$ومن ثم فإن قيمة k = 6

2. ضع كل المتغيرات بدلالة الأبعاد (الوحدات) الرئيسة basic dimensions (MLT, FLT) على النحو التالي

$F = F$
$D = d = L$
$u = LT^{-1}$
$\mu = FL^{-2}T$
$\rho = FL^{-4}T^2$

3. الأبعاد (الوحدات) الرئيسة r = 3

4. أوجد حدود باي (k = 6) = k - r = 6 − 3 = 3

5. اختر المتغيرات المتكررةD, u, ρ

6. من حدود باي

$\pi_1 = FD^au^b\rho^c$
$F^0L^0T^0 = (FL)^a)(LT^{-1})^b)(FL^{-4}T^2)^c$
For F: $0 = 1 + c$ $\quad c = -1$
For T: $0 = -b + 2c$ $\quad b = -2$
For L: $0 = a + b - 4c$ $\quad a = -2$
Thus, $\pi_1 = F/D^2u^2\rho$ (Check dimensions)
$\pi_2 = dD^au^b\rho^c$
$F^0L^0T^0 = L(L)^a(LT^{-1})^b(FL^{-4}T^2)^c$
For F: $0 = c$
For T: $0 = -b + 2c$ $\quad b = 0$
For L: $0 = 1 + a + b - 4c$ $\quad a = -1$
Thus, $\pi_2 = d/D$ (Check dimensions)
$\pi_3 = \mu D^au^b\rho^c$
$F^0L^0T^0 = (FL^{-2}T)(L)^a)(LT^{-1})^b (FL^{-4}T^2)(FL^{-2})^c$
For F: $0 = 1 + c$ $\quad c = -1$
For T: $0 = 1 - b + 2c$ $\quad b = -1$
For L: $0 = -2 + a + b - 4c$ $\quad a = -1$
Thus, $\pi_3 = \mu/Du\rho$ (Check dimensions)
$\pi_1 = \phi(\pi_2, \pi_3)$
$F/D^2u^2\rho = \phi(d/D, \mu/Du\rho)$

3) انقبض أنبوب قطره D فجاءة إلى قطر d.علماً بأن هبوط الضغط في منطقة الانقباض دالة في كل من القطر D و d وسرعة الدفق ف الأنبوب الكبير U وكثافة المائع ρ ولزوجته μ:

- أوجد مجموعة مناسبة من المعايير اللابعدية باستخدام كل من D و U و μ كمتغيرات متكررة.
- اكتب شكل المعادلة التي تربط محددات باي.
- لماذا لم يتم تضمين سرعة الدفق داخل الأنبوب الأصغر كمتغير إضافي؟ (الإجابة:

$$\left(\frac{\Delta PD}{\mu U}, \frac{d}{D}, \frac{\rho DU}{\mu}, \frac{\Delta PD}{\mu U} = \phi\left(\frac{d}{D}, \frac{\rho DU}{\mu}\right)\right.$$

**الحل:**

1. حدد المتغيرات $Dp = f(D, d, v, \rho, \mu)$ومن ثم فإن قيمة k = 6
2. ضع كل المتغيرات بدلالة الأبعاد (الوحدات) الرئيسة basic dimensions (MLT, FLT) على النحو التالي

$Dp_r = FL^{-2}$
$v = LT^{-1}$
$D = d = L$
$\rho = FL^{-4}T^2$
$\mu = FL^{-2}T$

3. الأبعاد (الوحدات) الرئيسة r = 3
4. أوجد حدود باي (k = 6) = k - r = 6 - 3 = 3
5. اختر المتغيرات المتكررة $D, v, \mu$
6. من حدود باي

$\pi_1 = DP\mu^a D^b v^c$
$F^0L^0T^0 = (FL^{-2})(FL^{-2}T)^a(L)^b)(LT^{-1})^c$
For F: $0 = 1 + a$  $a = -1$
For T: $0 = a - c$  $c = -1$
For L: $0 = -2 -2a + b + c$  $b = 1$
Thus, $\pi_1 = DPD/\mu v$ (Check dimensions)
$\pi_2 = d\mu^a D^b v^c$
$F^0L^0T^0 = L(FL^{-2})(FL^{-2}T)^a(L)^b)(LT^{-1})^c$
For F: $0 = a$
For T: $0 = a - c$  $c = 0$
For L: $0 = 1 - 2a + b - c$  $b = -1$
Thus, $\pi_2 = d/D$ (Check dimensions)

$\pi_3 = \rho\mu^a D^b v^c$

$F^0L^0T^0 = (FL^{-4}T^2)(FL^{-2})(FL^{-2}T)^a(L)^b)(LT^{-1})^c$

For F: $0 = 1 + a$ $\quad a = -1$

For T: $0 = 2 + a - c$ $\quad c = 1$

For L: $0 = -4 - 2a + b + c$ $\quad b = 1$

Thus, $\pi_3 = \rho Dv/\mu$ (Check dimensions)

$\pi_1 = \phi(\pi_2, \pi_3)$

$$\frac{\Delta PD}{\mu U}, \frac{d}{D}, \frac{\rho DU}{\mu}, \frac{\Delta PD}{\mu U} = \phi\left(\frac{d}{D}, \frac{\rho DU}{\mu}\right)$$

4) بافتراض أن الدفق عبر أنبوب شعري أفقي يعتمد على هبوط الضغط وحدة الطول، وقطر الأنبوب، واللزوجة؛ جد شكل المعادلة له. (الإجابة: $Q = C\frac{\Delta P}{L}\frac{D^4}{\mu}$)

**الحل:**

المعطيات: اعتماد الدفق عبر الأنبوب على هبوط الضغط على وحدة الطول، وقطر الأنبوب، واللزوجة أي:

$Q = f(\frac{\Delta P}{l}, \mu, D)$

1. List the problem parameters, including the dependant parameter (Q): $\frac{\Delta P}{l}$, μ, D, Q.
2. Number of parameters: k=4 ($\frac{\Delta P}{l}$, μ, D, Q).
3. List the primary dimensions of each parameter:

$$\frac{\Delta P}{l} \doteq \frac{N}{m^2}\frac{1}{m} \doteq \frac{kg.\frac{m}{s^2}}{m^2}\frac{1}{m} \doteq \frac{kg}{m^2s^2} \doteq \frac{M}{L^2T^2}$$

$$\mu \doteq Pa.s \doteq \frac{N}{m^2}.s \doteq \frac{kg.\frac{m}{s^2}}{m^2}.s \doteq \frac{kg}{m.s} \doteq \frac{M}{L.T}$$

$$D \doteq m \doteq L$$

$$Q \doteq \frac{m^3}{s} \doteq \frac{L^3}{T}$$

4. Find number of primary dimensions: r = 3 (M, L, T).

5. Number of π terms = k-r = 4-3 = 1.

- Choose "r" repeating parameters in accord with the following *guidelines for choosing the repeating parameters*:

  a. *Never pick the dependent variable.*

  b. *The chosen repeating parameters must not by themselves be able to form a dimensionless group.*

  c. *Chosen repeating parameters must represent all the primary dimensions.*

  d. *Never pick parameters that are already dimensionless.*

  e. *Never pick two parameters with the same dimensions or with dimensions that differ by only an exponent.*

  f. *Choose dimensional constants over dimensional variables so that only one π contains the dimensional variable.*

  g. *Pick common parameters since they may appear in each of the π's.*

  h. *Pick simple parameters over complex parameters.*

6. Repeating parameters must not include Q.

7. Form πterms by multiplying one of the non-repeating variables by the product of repeating variables.

$$\pi = Q \left(\frac{\Delta P}{l}\right)^a \mu^b D^c$$

$$M^0L^0T^0 = \frac{L^3}{T}\left(\frac{M}{L^2.T^2}\right)^a\left(\frac{M}{L.T}\right)^b L^c$$

Solving for M:

0 = a+b        ..............(1)

Solving for T:

0 = -1-2a-b

1 = -2a-b      .............(2)

Eq. (1)+eq. (2):

1 = -a        ,        a = -1

From (1): 0 = -1+b,        b = 1

Solving for L:

0 = 3-2a –b+c

0 = 3+2-1+c,        c= -4

$\pi = Q\frac{(\frac{\Delta P}{l})^{-1}\mu}{D^4}$

Therefore: $Q = C\frac{(\frac{\Delta P}{l})D^4}{\mu}$

5) اللزوجة الكينامتيكية لزيت $3\times10^{5}$ م$^2$/ث. استخدم هذا الزيت في أنموذج أولي تسود فيه قوى اللزوجة والجاذبية الأرضية. وقد وضع أنموذج مقاسه 1 : 3. أوجد لزوجة مائع الأنموذج المطلوب للحصول على نفس رقم رينولدز ورقم فرود لكل من الأنموذج والأنموذج الأولى. (الإجابة: $5.77\times10^{-6}$ م$^2$/ث)

**الحل**

$\lambda_L = 1/3 = L_m/L_p$        $\nu_p = 3\times10^{-5}\ m^2/s$        Fr = Re

$$\frac{Re_m}{Re_p} = \frac{(vL/\upsilon)_m}{(vL/\upsilon)_p} = \frac{v_m}{v_p}\frac{L_m}{L_p}\frac{\upsilon_p}{\upsilon_m}$$

$$\frac{Fr_m}{Fr_p} = \frac{\left(\frac{v}{\sqrt{gL}}\right)_m}{\left(v/\sqrt{gL}\right)_p} = \frac{v_m}{v_p}\sqrt{\frac{L_p}{L_m}}$$

$$\therefore \frac{v_m}{v_p}\sqrt{\frac{L_p}{L_m}} = \frac{v_m}{v_p}\frac{L_m}{L_p}\frac{\upsilon_p}{\upsilon_m}$$

$$\upsilon_m = \upsilon_p \frac{L_m}{L_p}\sqrt{\frac{L_m}{L_p}} = \upsilon_p\left(\frac{L_m}{L_p}\right)^{\frac{3}{2}} = 3.0\times10^{-5}\left(\frac{1}{3}\right)^{\frac{3}{2}} = 5.77\times10^{-6}$$

6) أنموذج 1 : 40 لمركب لها مقاومة موجية 0.03 نيوتن على سرعة 1.5 م/ث. أوجد المقاومة الموجية للأنموذج الأولى المماثل. وما مقدار السرعة في الأنموذج الأولى.
(الإجابة: 1920 نيوتن، 9.5 م/ث)

## الحل

- المعطيات: $\lambda_L$ 1 ÷ 40، $F_m$ 0.03 نيوتن، $V_m$ 1.5 م/ث
- تسود قوى الجاذبية والقصور الذاتي مما يعني أهمية رقم فرود

$$F_r = \frac{V}{\sqrt{gL}}$$

$$\left(\frac{V}{\sqrt{gL}}\right)_p = \left(\frac{V}{\sqrt{gL}}\right)_m$$

وبما أن قوة الجاذبية تعمل على كل من الأنموذج والأنموذج الأول يمكن إلغاء فعل الجاذبية الأرضيةg

$$\frac{V_p^2}{L_p} = \frac{V_m^2}{L_m}$$

$$\left(\frac{V_m}{V_p}\right)^2 = \frac{L_m}{L_p} = \lambda_L = \frac{1}{40}$$

$F = ma = pVa = \rho L^3 LT^2 = \rho L^2 V^2$

$$\frac{F_p}{F_m} = \frac{\rho_p L_p^2 v_p^2}{\rho_m L_m^2 v_m^2} = 40^2 \times 40 = 64000$$

$F_p = 64000 \times 0.03 = 1920\ N$

$$\frac{V_p^2}{V_m^2} = 40 \qquad \text{but}\ V_m = 1.5$$

$$V_p = \sqrt{40 \times 1.5^2} = \underline{\underline{9.5\ m/s}}$$

7) معامل الرفع والسحب لجنيّح airfoil تقريباً مستطيل الشكل له بحر span 30 متراً ووتره 6 أمتار هما 0.5 و 0.05 على الترتيب عند زاوية هجوم angle of attack 6 درجات. أوجد الطاقة المطلوبة لقيادة هذا الجنيح على طيران أفقي بسرعة 500 كيلو متر في الساعة عبر هواء ساكن وقياسي لارتفاع 3 كيلو مترات. وأوجد قوة الرفع المتحصل عليها عند استنفاد هذه الطاقة. ثم أوجد رقم رينولدز ورقم ماش.
(الإجابة: 11 مجا وات، 789 كيلو نيوتن، $45 \times 10^6$، 0.42)

## الحل

- المعطيات: $C = 6$، $C_l = 0.5$، $C_D = 0.05$، $\theta = 6°$، $V_0 = 500$ كلم/ساعة، $Z = 3$ كلم، R = جول/كجم.كلفن، $k = 1.4$، $\rho = 0.909$ كجم/م$^3$

$$v_0 = \frac{500 \times 1000}{60 \times 60} = 138.89\ m/s$$

$$D = C_D \frac{1}{2} \rho A_p v_0^2 = 0.05 \times \frac{1}{2} \times 30 \times 6 \times 0.909 \times (138.89)^2 = 789\ kN$$

الطاقة

$p = Dv = 78.9 \times 138.89 = 10.96\ MW$

قوة الدفع

$$L = C_1 \frac{1}{2} A_p v_0^2 = 0.5 \times \frac{1}{2}(30 \times 6) \times 0.909\ (138.89)^2 = 789\ kN$$

جد من جداول $\mu = 1.661 \times 10^{-5}$ $T = -4.5°C$

$$Re = \frac{v_o L \rho}{\mu} = \frac{138.89 \times 6 \times 0.909}{1.661 \times 10^{-5}} = 45.6 \times 10^{6}$$

$$a = \sqrt{kRT} = \sqrt{1.4 \times 286.8(-4.5 + 273.2)} = 328.5 m/s$$

$$M = \frac{v_o}{a} = \frac{138.89}{328.5} = 0.42$$

8) نموذج مخرج من خزان (مطفح spillway) بني بمقياس 1 : 25 على مسيل flume عرضه 2 قدم. الأصل prototype ارتفاعه 37.5 قدم والسمت الأعظمي المتوقع فيه 5 قدم.

- ما الارتفاع وما السمت في النموذج؟
- إذا كان التصرف $Q_m$ في النموذج 0.7 قدم$^3$/ثانية عند السمت 0.2 قدم، ما مقدار $Q_p$ في الأصل؟ (الإجابة: 1.5 قدم، 0.2 قدم، 2187.5 قدم$^3$/ثانية)

**الحل**

(a) طول النموذج ÷ طول الأصل = $\frac{L_m}{L_p} = \frac{1}{25} = L_r$

ارتفاع النموذج

$$\therefore L_m = \frac{1}{25} L_p = \frac{1}{25} \times 37.5 = 1.5 ft$$

السمت في النموذج = $5 \times \frac{1}{25} = 0.2 ft$

(b) تصرف النموذج ÷ تصرف الأصل = $\frac{Q_m}{Q_p} = L_r^{\frac{5}{2}} = \left(\frac{1}{25}\right)^{\frac{5}{2}}$

تصرف الأصل

$$\therefore Q_p = \frac{Q_m}{\left(L_r\right)^{\frac{5}{2}}} = \frac{0.7}{\left(\frac{1}{25}\right)^{2.5}}$$

$$Q_p = 0.7 \times 25^{2.5} = 0.7 \times 3125 = 2187.5 M^3/sec$$

9) بافتراض أن طائرة ورقية kite على شكل لوح مستو مساحة وجهه 0.9 متر مربع وكتلتها 800 جرام تحلق على زاوية مع الأفقي. الشد في الحبل الممسك للطائرة 40 نيوتن عندما كانت سرعة الرياح الأفقية 30 كيلو متر في الساعة لزاوية 30 درجة يميل بها الحبل مع الاتجاه الأفقي. بافتراض أن كثافة الهواء 1.2 كجم/م$^3$، أوجد معامل الرفع والسحب للطائرة في الوضع المعطى (الإجابة: 0.74، 0.92)

## الحل:

بما أن الهواء أفقي فإن السحب بالتعريف هو أيضاً أفقي والرفع رأسي. وتظل الطائرة الورقية في حالة اتزان بتوازن السحب والرفع والشد في الحبل ووزن الطائرة وبتحليل القوى في الإتجاهين الرأسي والأفقي

$$L = T \sin30 - mg = 40 \sin30 + 0.8 \times 9.81 = 27.848 \text{ N}$$
$$D = T \cos30 = 40 \cos30 = 34.64$$

غير أن الرفع $L = \frac{1}{2} C_2 \rho U_0^2 A$

$$C_L = \frac{2L}{\rho U_0^2 A} = \frac{2 \times 27.848}{1.2 \times \left(\frac{30 \times 1000}{60 \times 60}\right)^2 \times 0.9} = \underline{\underline{0.74}}$$

$$C_D = \frac{D}{\frac{1}{2} A \rho v_0^2} = \frac{34.64}{\frac{1}{2} \times 1.2 \times \left(\frac{30 \times 1000}{60 \times 60}\right)^2 \times 0.9} = 0.92$$

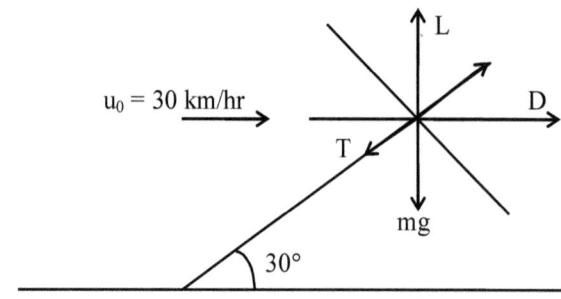

# الفصل السابع

# حركة الموائع

# Fluid Kinematics

## 7-13 تمارين عامة

### 7-13-1 تمارين نظرية

1) ما أهمية قوى القص في الموائع المتحركة؟

الحل:

بمجرد تحرك المائع تظهر قوى القص، وذلك عندما تتحرك بعض جزيئات المائع بالنسبة لبعضها البعض؛ ومن ثم تكون للجزيئات سرعات مختلفة. وهذا الأمر يجعل الشكل الأساسي للمائع في موضع مشوه.

2) ما فوائد معادلة الاستمرارية؟

الحل:

معادلة الاستمرارية تعبر عن أن المطلوب عند سريان المائع أن تكون العملية مستمرة، وأن الكتلة التي تمر عبر أي مقطع في وحدة زمن تكون ثابتة. ولابد أن يكون نوع الانسياب معلوماً، مثلاً في بعد واحد أو بعدين أو ثلاثة أبعاد.

3) ما الفرق بين الانسياب القابل للانضغاط والانسياب غير القابل للانضغاط؟

**الحل:**

يسمى الانسياب غير قابل للانضغاط incompressible إذا كانت الكثافة ثابتة ويكون ذلك عادة في السوائل.

4) ما الفرق بين أنواع الانسياب التالية: المستقر، والمنتظم، والصفحي؟

**الحل:**

يبين الجدول التالي الفرق بين أنواع الانسياب التالية: المستقر، والمنتظم، والصفحي.

| | المستقر | المنتظم | الصفحي |
|---|---|---|---|
| موجه السرعة | يتغير موجه السرعة من منطقة وأخرى مع تغير الزمن | يتطابق موجه السرعة على أي نقطة في المائع في المقدار والاتجاه في أي زمن؛ أي لا تتغير سرعة السائل مع الإزاحة (في المقدار والاتجاه). | يتغير الدفق وتتغير السرعة Q ~ V |
| متغيرات المائع مع المسافة | | لا تتغير $\frac{du}{ds} = 0$ و $\frac{d\rho}{ds} = 0$ و $\frac{dP}{ds} = 0$ | يتغير الضغط بتغير الطول |
| أمثلة | في القني المكشوفة غير المنتظمة والتي | انسياب السوائل عبر الأنابيب الطويلة | |

| | | | |
|---|---|---|---|
| | لا يتغير فيها الدفق مع الزمن، كما ويحدث أيضاً في القني المنتظمة عندما يتغير عمق الدفق (ومن ثم السرعة المتوسطة) من مقطع لآخر. | تحت الضغط | |
| رقم رينولدز | | مساوياً أو في حدود 2000 تقريباً للسريان المنتظم اللزج | يقل عن 2100 |

5) **ما فائدة الخطوط الانسيابية والأنابيب الانسيابية؟**

**الحل:**

لتوضح اتجاه الحركة في مقاطع مختلفة من انسياب المائع.

6) **أوجد معادلة أويلر ومعادلة برنولي من المبادئ الأولية.**

**الحل:**

انظر الفصل 7–6 معادلة الطاقة من الكتاب.

7) **كيف يمكن التفرقة بين الانسياب اللزج والمضطرب في أنابيب مغلقة؟**

**الحل:**

يبين الجدول التالي التفرقة بين الانسياب اللزج والمضطرب في أنابيب مغلقة.

| | اللزج | المضطرب |
|---|---|---|
| الحالة | انسياب جزيئات السائل في شكل صفائح أو طبقات أو رقائق | حركة جزيئات السائل غير منتظمة المسار وتكون خطوط سريانها متقاطعة وفي شكل دوامات |
| رقم رينولدز | 2000 | أكبر من 2300 |
| معامل الاحتكاك | 64/Re | يعتمد على رقم رينولدز وخشونة الأنبوب وقطره ونوع المادة المصنوع منها الأنبوب |

8) جد قيمة معامل الاحتكاك بالتحليل البعدي من المبادئ الأولية لأنبوب ممتلئ بمائع؟

**الحل:**

انظر الفصل 7-11 قيمة معامل الإحتكاك (f) بالتحليل البعدي من الكتاب.

9) ما فائدة منحنى استانتون وباتيل؟

**الحل:**

قيمة معامل الإحتكاك وحالة الإنسياب.

10) كيف يمكن التفرقة بين الفواقد الكبيرة والصغيرة في الأنابيب؟

**الحل:**

يبين الجدول التالي التفرقة بين الفواقد الكبيرة والصغيرة في الأنابيب .

| | الفواقد الكبيرة (الأساسية) | الفواقد الصغيرة |
|---|---|---|
| قيمة الفقد | تعتمد على طول الأنبوب ونوع مادة الأنبوب | موضعي حسب شكل العائق |

| سبب الفواقد | بسبب مقاومة المائع للحركة (الاحتكاك) و دائماً موجودة طالما وجد سريان للمائع أو الغلق الجزئي للصمام | بسبب الاتساع المفاجئ في قطر الأنبوب أو التقلص المفاجئ أو الصمام الموجود أو الصمامات أو الإنحناءات والأكواع التي تكون موجودة في الأنابيب وهكذا |
|---|---|---|
| الاستمرارية | مستمرة مع السريان | تزول بازالة العائق |

11) استنبط معادلة بيرنولي لانسياب الموائع المثالية.

الحل:

انظر الفصل 7-6 معادلة الطاقة من الكتاب.


## 7-13-2 تمارين تطبيقية

1) تم تثبيت بعض الريش لقيادة الانسياب حول منحنى بزاوية 90° في أنبوب مربع ضلعه 0.8 م. أوجد القوة على المنحنى عندما ينساب الهواء بسرعة 20 م/ث وكثافة الهواء 1.3 كجم/م$^3$ ويمكن اعتبار قوى الاحتكاك والقص عبر الريش بقيم صغيرة ويتم تجاهلها. التنظيم مبين بالرسم. حجم التحكم يتمثل في الريش.

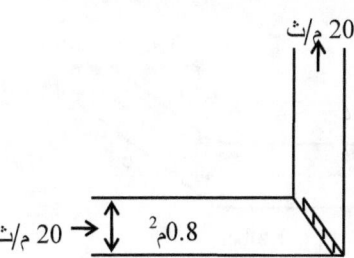

## الحل:

من معادلة:

$$R = \dot{m}\, \Delta u = \dot{m}\,(u_1 - u_2)$$
$$\dot{m} = \rho\, \Delta u = 1.3 \times 1 \times 20 = 26 \; kg/s$$

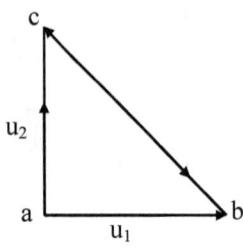

ويمكن الحصول على $(u_1-u_2)$ بالرسم:

رسم ab = 20 م/ث

رسم ac = 20 م/ث

قياس $bc u_1-u_2$

أو يمكن الحصول عليها بالتحليل:

بما أن المثلث abc مثلث بزاوية قائمة

$$cb^2 = ab^2 + ac^2$$
$$= 20^2 + 20^2 = 800$$
$$u_1-u_2 = cb = \sqrt{800} = 28.28 \; m/s$$
$$\therefore R = 26 \times 28.28 = 735.28 \; N$$

2) أنبوب مياه قطره 15 سم يخفض قطره إلى 15 سم بوساطة منحنى تخفيض؛ والذي يغير اتجاه الانسياب بدرجة 60° ، ضغط الماء عن الدخول والخروج من المنحنى 1.5 و 1.4 بار على الترتيب. إذا كان معدل انسياب الماء عبر المنحنى 100 م$^3$/ساعة، جد محصلة القوى المؤثرة بوساطة الماء على المنحنى قيمة واتجاهاً.

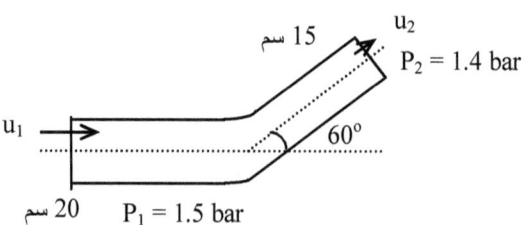

## الحل:

من المعادلة : $R= A_1(p_1+\rho u_1^2) + A_2(p_2+\rho u_2^2)$

$$\dot{m} = \rho_1 A_1 U_1 = \rho_2 A_2 U_2 = \frac{100 \times 10^3}{60 \, x \, 60} = 27.8 \, kg/s$$

$\rho_1 = \rho_2$ (مائع غير قابل للانضغاط)

$$U_1 = \frac{\dot{m}}{\rho A_1} = \frac{27.8}{10^3} \times \frac{4}{\pi} \times \frac{1}{(0.15)^2} = 1.57 \, m/s$$

$$U_2 = \frac{\dot{m}}{\rho A_2} = \frac{A_1 U_1}{A_2} = \frac{(0.15)^2 \times 1.57}{(0.1)^2} = 3.54 \, m/s$$

$$P_1 A_1 = 1.5 \times 10^5 \frac{\pi}{4}(0.15)^2 = 2650.7 \, N$$

$$\rho A_1 u_1^2 = \dot{m} u_1 = 27.8 \times 1.57 = 43.65 \, N$$

$$P_2 A_2 = 1.4 \times 10^5 \frac{\pi}{4}(0.1)^2 = 1099.6 \, N$$

$$\dot{m} u_2 = 27.8 \times 3.54 = 98.4 \, N$$

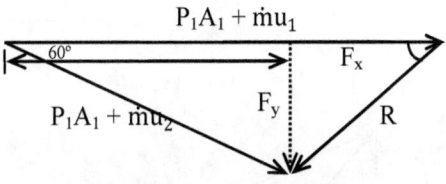

المركبة الأفقية

$F_x = (P_1A_1+ \dot{m}u_1) - (P_2A_2 + \dot{m}u_2) \cos 60 = (22650.7 + 43.65) - (1099.6 + 98.4) \times 0.5 = 2106$ N

المركبة الرأسية

$F_y = (P_2A_2+ \dot{m} u_2) \sin 60 = (1099.6 + 98.4) \times 0.866= 867$ N

$$R = \sqrt{F_x^2 + F_y^2} = \sqrt{1099.6^2 + 867^2} = 1400 \, N$$

اتجاه R بزاوية θ للرأسي حيث

$$\tan\theta = \frac{867}{1099.6} = 0.79$$

$\theta = 38° \ 15'$

يمكن حل مثل هذا المثال بالرسم حيث رسم القوى بمقياس رسم وقياس R و θ.

3) نافورة مياه قطرها 10 سم تتدفق منها المياه بسرعة 25 م/ث. وضعت لوحة منحنية فتغير اتجاهها 120° أوجد القوة المؤثرة بوساطة النافورة على اللوحة قيمةً واتجاهاً. يمكن تجاهل قيمة الاحتكاك.

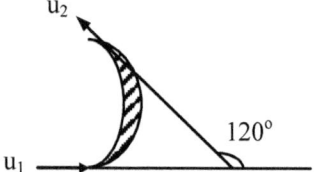

**الحل:**

إذا تم تجاهل تأثير الاحتكاك $u_1 = u_2$

$$R = \dot{m}(u_1 - u_2)$$

$$\dot{m} = \rho A u = 10^3 \times \frac{\pi}{4}(0.1)^2 \times 25 = 196.3\,kg/s$$

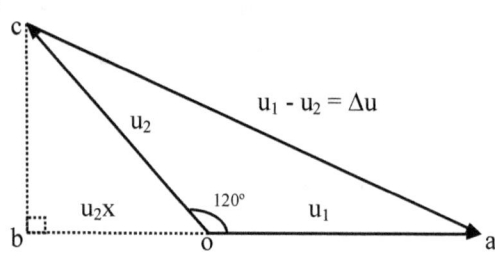

$u_2x = u_2\cos 60 = 25 \times 1/2 = 12.5$ m/s

$\therefore ab = 25 + 12.5 = 37.5$ m/s

$$\overline{u}_1 - \overline{u}_2 = \Delta u = \frac{ab}{\cos 30} = 37.5 \times \frac{2}{\sqrt{3}} = 43.3 \, m/s$$

القوة المؤثرة بوساطة النافورة على اللوحة

R = 196.3 ×43.3 = 8502 N

اتجاه R هو 30° إلى الأفقي.

4) إذا كانت اللوحة المنحنية في المثال السابق 3 تتحرك في اتجاه النافورة بسرعة 10 م/ث ما قيمة واتجاه محصلة القوى على اللوحة بالنسبة لاتجاه النافورة؟

- باعتبار لوحة واحدة فقط

- باعتبار أن اللوحة واحدة من سلسلة. وفي الحالة (ب) أوجد الشغل على سلسلة اللوحات وكفاءة النظام بافتراض أن الطاقة الممتدة إلى النظام هي طاقة النافورة.

## الحل:

يمكن حل مثل هذا المثال بنفس الطريقة التي تم بها حل المثال السابق إذا افترضنا أن سرعة 10 م/ث توجهت إلى اتجاه معاكس للنافورة؛ هذا يجعل اللوحة تبدو كأنها ساكنة وستمر عليها النافورة بالسرعة النسبية. وهنا لابد من ملاحظة أن كتلة الماء التي تمر على اللوحة لوحدة الزمن هي $\rho A u_r$ حيث $u_r$ هي السرعة النسبية.

$u_r = 20 - 10 = 10$ m/s

$$\dot{m} = \rho A u_r = 10^3 \times \frac{\pi}{4}(0.1)^2 \times 10 = 78.5 \, kg/s$$

$$\Delta u_r = 10 \times \frac{2}{\sqrt{3}} = 11.5 \, m/s$$

R = 78.5 × 11.5 = 906.4 N

باتجاه 30° إلى اتجاه النافورة

(ب) في حالة مرور ماء النافورة على واحدة أو أخرى من اللوحات

$\dot{m} = 196.3 \, kg/s$

$\Delta u_r = 11.5 \, m/s$

R = 196.3 × 11.5 = 2257 N

في اتجاه 30 إلى اتجاه النافورة

الشغل = مركب القوة في اتجاه تحرك اللوحة× سرعة اللوحة

$Fx = R \cos 30 = 3440x0.866 = 2980$ N

الشغل = $2980\times15\times10^{-3}$ = 44.7 كيلو وات

الكفاءة = الشغل الناتج ÷ الطاقة التي يتم إمدادها = $\frac{44700 \; x100 \; \%}{\frac{1}{2} x132 \; .5 \; x \; 30^{2}}$ = 75 %

5) يحمل أنبوب زيت وزنه النوعي 0.9 ويتغير في الحجم من 20 سم عند مقطع E إلى 50 سم عند مقطع R حيث مقطع E على انخفاض 2.5 متر من مقطع R، وقيم الضغط عند E و R 0.8 بار و 0.5 بار على الترتيب. إذا كان معدل السريان 500 م$^3$/ساعة، جد السمت المفقود واتجاه السريان.

**الحل:**

المعطيات: الوزن النوعي للزيت = 0.9،القطرالأول = 20 سم عند مقطع E، القطر الثاني = 50 سم عند مقطع R، مقطع E على انخفاض 2.5 متر من مقطع R، الضغط عند R =0.8 بار الضغط عند E= 0.5 بار.

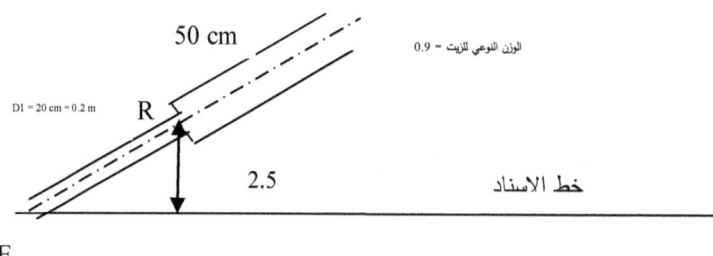

بتطبيق معادلة برنولي عند مدخل المقطع الأول ومخرج المقطع الثاني للأنبوب

$$\left(\frac{P1}{\rho}+\frac{v_1^2}{2g}+z1\right)-H1=\left(\frac{P2}{\rho}+\frac{v_2^2}{2g}+z2\right)$$

From continuity equation: Q = v*A

$Q = 500/(60*60)\ m^{3/}hr = 0.139\ m^{3/}s = v_1*A_1 = v_2*A_2$

$v_1 = 0.139/(\pi*0.2^2/4) = 4.42\ m^2/s$

$v_2 = 0.139/(\pi*0.5^2/4) = 0.708\ m^2/s$

$z_1 = 12.1$ m
$z_2 = 13.5$ m
$\rho_{oil} = 0.9*1000$
$P_1 = 0.8$ bar = 80 kPa (to convert pressure units from bar to Pascal: 1 bar = 100000 Pa)
$P_2 = 0.5$ bar = 50 kPa

Thus head loss = $P_1$ - $P_2$ may be found as:

$$H_l = \left(\frac{P_1}{\rho} + \frac{v_1^2}{2g} + z_1\right) - \left(\frac{P_2}{\rho} - \frac{v_2^2}{2g} + z_2\right)$$

$$= \left(\frac{80 * 1000}{900} + \frac{4.42^2}{2*9.81} + 0\right) - \left(\frac{50 * 1000}{900} - \frac{0.708^2}{2*9.81} + 2.5\right)$$

$$= 31.9\, m$$

This means that flow will be in direction of larger pipe.

6) منظومة تتكون من أنبوبي ماء قطراهما 250 مم و 420 مم وفنشوري يبلغ قطر عنقه 80 مم، تميل بزاوية °15 ويسري فيها الماء من الأنبوب الأصغر للأكبر. علماً بأن الضغط داخل الأنابيب يساوي 30 كيلو باسكال و 260 كيلو باسكال على الترتيب.

1. جد معدل السريان.
2. بيِّن ما إن كان السريان عند عنق الفنشوري وعند مخرجه (ذو القطر 420 مم) صفائحياً أم مضطرباً بافتراض أن اللزوجة الكيناميتيكية للماء تساوي $1.0*10^{-6}$ م$^2$/ث.

الحل:

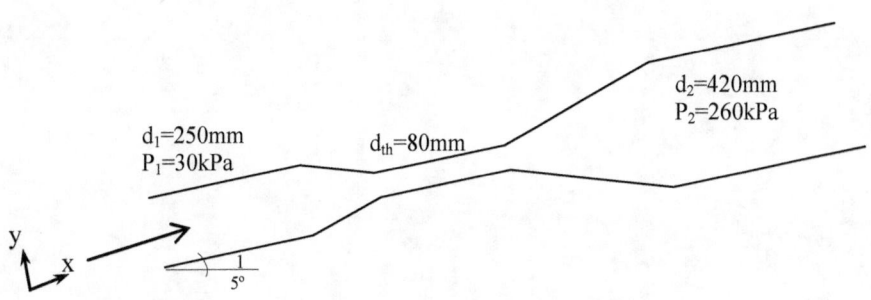

(1)
From continuity equation: $Q = v*A$
$Q = v_1*A_1 = v_2*A_2$
$v_1*\frac{\pi}{4}0.25^2 = v_2*\frac{\pi}{4}0.42^2$
$v_1 = 2.8224\ v_2$


## Use Bernoulli's equation between two pipes:

$$\frac{P_1}{\rho} + \frac{v_1^2}{2g} + z_1 = \frac{P_2}{\rho} + \frac{v_2^2}{2g} + z_2$$

$$\frac{30*1000}{1000} + \frac{v_1^2}{2*9.81} = \frac{260*1000}{1000} + \frac{v_2^2}{2*9.81}$$

$$30 + \frac{(2.8224\ v_2)^2}{2*9.81} = 260 + \frac{v_2^2}{2*9.81}$$

$$260 - 30 = \frac{(2.8224\ v_2)^2}{2*9.81} - \frac{v_2^2}{2*9.81}$$

$$230 = v_2^2 \left( \frac{2.8224^2}{2*9.81} - \frac{1}{2*9.81} \right)$$

$v_2 = 25.45$ m/s
Flow rate:
$Q = v_2*A_2 = 25.45*\frac{\pi}{4}0.42^2 = 3.53$ m³/s


(2)
Velocity at venture exit $= v_2 = 25.45$ m/s
Given: $v = 1.0*10^{-6}$ m²/s
$Re = \frac{vd}{v} = \frac{25.45*0.42}{1.0*10^{-6}} = 10.69*10^6 > 2400,$ flow is turbulent

7) ينساب زيت كثافته النسبية 0.8 ولزوجته $2\times10^{-6}$ م$^2$/ث من مستودع عبر أنبوب من الحديد الزهر الجديد طوله 120 متر وقطره 100 ملم. علماً بأن معامل الخشونة النسبي للحديد الزهر الجديد ε= 0.26 ملم، أوجد مقدار الضغط المطلوب في النقطة ب (على مستوى 4 م أعلى من سطح الزيت في المستودع) للحصول على انسياب 0.7 متر مكعب في الدقيقة. (الإجابة 31 كيلو باسكال).

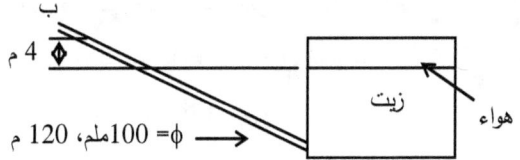

## الحل:

السرعة خلال الانبوب

$$v = \frac{Q}{A} = \frac{0.7/60}{\frac{\pi}{4}(0.1)^2} = 1.49\ m/s$$

$$Re = vd/\mu = (1.49x0.1)/2x10^{-6} = 74272$$

$$\frac{\varepsilon}{D} = \frac{0.26}{100} = 0.0026$$

ومنها ومن رسم مودي ولقيم رقم رينولدز = $7.4 \times 10^4$ يمكن ايجاد f = 0.028، أو

$$\frac{1}{f} = -2\,Log\ \frac{0.0026}{3.7} + \frac{2.51}{7.4x10^4\sqrt{f}}$$

ومن ثم يمكن ايجاد f = 0.028

$$h_l = f\frac{l}{D}\frac{v^2}{2g} = 0.028\ \frac{120}{0.1}\frac{1.49^2}{2x9.81} = 3.802\ m$$

$$\frac{p_A}{\rho g} + \frac{v_A^2}{2g} + ZA = \frac{p_B}{\rho g} + \frac{v_B^2}{2g} + Z_B + h_l$$

$Z_A=0$, $Z_B = 4$, $P_B = 0$, $v_A = 0$

$$\frac{p_A}{9.81\,x1000\ \ x0.8} + 0 + 0 = 0 + \frac{1.49^2}{2x9.81} + 3.802$$

$P_A = 31$ kPa

8) أنبوب مائل على الأفقي بزاوية 45° يتقلص على طول 1 متر من قطر 200 ملم إلى قطر 100 ملم في الجزء الأعلى منه. وينساب خلال الأنبوب مائع كثافته النسبية 0.8 بسرعة متوسطة في الجزء الأسفل منه تعادل 180 متر على الدقيقة ويتصل بالأنبوب مانومتر (ممتلئة نهايته بالمائع) لقياس الضغط. أوجد:

- سرعة الإنسياب في الجزء العلوي من الأنبوب
- فرق الإرتفاع في زئبق المانومتر
- طول جزء الأنبوب إذا علم أن فرق الضغط بين نهايتيه 60 كيلوباسكال.

(الإجابة 0.43 متر، 1.08م).

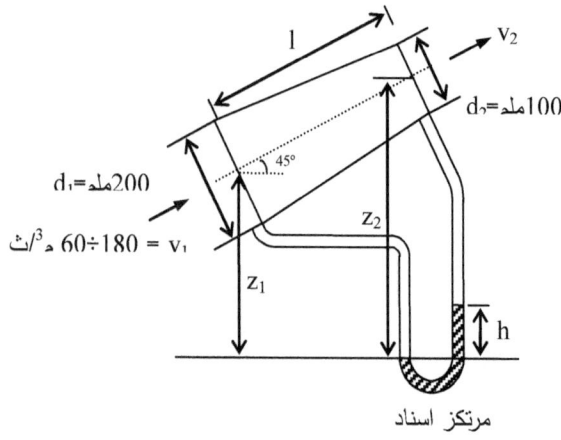

مرتكز اسناد

## الحل:

من معادلة الاستمرارية:

$$v_2 = \frac{v_1 A_1}{A_2} = \frac{3 x \frac{\pi}{4}(0.2)^2}{\frac{\pi}{4}(0.1)^2} = 12 \; m/s$$

باستخدام معادلة برنولي للجزء العلوي والجزء السفلي من الانبوب وبتجاهل فواقد الطاقة

$$\frac{p_A}{\gamma} + \frac{v_1^2}{2g} + Z1 = \frac{p_B}{\gamma} + \frac{v_2^2}{2g} + Z_2$$

$$P_A - P_B = \frac{\rho}{2}\left(v_1^2 + v_2^2\right) + \gamma\left(Z_2 - Z_1\right)$$

$$= \frac{0.8}{2} x 1000 \left(12^2 + 3^2\right) + 0.8 \, x 1000 \quad x 9.81 \left(Z_2 - Z_1\right)$$

$$P_A - P_B = 54000 \quad + 7848 \left(Z_2 - Z_1\right) \qquad (1)$$

$$P_A + \gamma_{oil} \, z_1 - \gamma_{Hg} \, h - \gamma_{oil} \left(z_2 - h\right) = P_B$$

$$P_A - P_B = \gamma_{Hg} \, h + \gamma_{oil}\left(z_2 - z_1\right) - \gamma_{oil} \, h = h\left(\gamma_{Hg} - \gamma_{oil}\right) + \gamma_{oil}\left(z_2 - z_1\right)$$

$$= h\left(13.6 \, x \, 9810 \quad - 7848 \right) + 7848 \left(z_2 - z_1\right)$$

$$(2)$$

ومن المعادلة 1

5400 = 125568h         h = 0.43 m
60x1000 = 54000 + 7848(z2 - z1)
z2 - z1 = 0.7645 m = L sn45
L = 1.08 m

9) في عداد فنتشوري المبين بالرسم الفرق بين سطحي الزئبق في الأنبوب   30 سم. أوجد معدل سريان الماء في العداد باعتبار عدم وجود فقد في الطاقة بين النقطتين A و B.

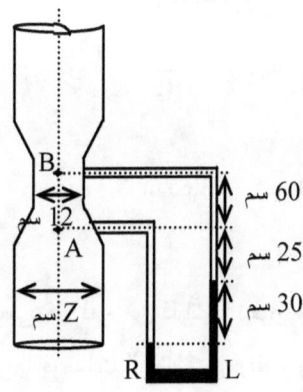

الحل:

$\Delta p = 30 \text{ cmHg} = 0.3 \text{ mHg}$

$\rho_{water} = 1000 \text{ kg/m}^3$

Throat diameter $(d_{th}) = 12 \text{ cm} = 0.12 \text{ m}$

Base diameter $(Z) = 20 \text{ cm} = 0.2 \text{ m}$

Write manometer equation as follows:

$P_A + \rho_{water}*g*0.55 - \rho_{Hg}*g*0.3 - \rho_{water}*g*0.85 = P_B$

$P_A - P_B = -\rho_{water}*g*0.55 + \rho_{Hg}*g*0.3 + \rho_{water}*g*0.85 = -1000*9.81*0.55 + 13.6*1000*9.81*0.3 + 1000*9.81*0.85 = 42967.8 \text{ N/m}^2$

From continuity equation: $Q = v*A$

$Q = v_A*A_A = v_B*A_B$

$v_A*\frac{\pi}{4}0.2^2 = v_B*\frac{\pi}{4}0.12^2$

$v_A = 0.36 \, v_B$

Use Bernoulli's equation

$$\frac{P_A}{\rho} + \frac{v_A^2}{2g} + z_1 = \frac{P_B}{\rho} + \frac{v_B^2}{2g} + z_1$$

$$\frac{P_A}{\rho} + \frac{v_A^2}{2*9.81} + 0 = \frac{P_B}{\rho} + \frac{v_B^2}{2*9.81} + 0.6$$

$$\frac{P_A}{\rho} + \frac{(0.36 \, v_B)^2}{2*9.81} = \frac{P_B}{\rho} + \frac{v_B^2}{2*9.81} + 0.6$$

$$\frac{P_A}{\rho} - \frac{P_B}{\rho} = \frac{v_B^2}{2*9.81} - \frac{(0.36 \, v_B)^2}{2*9.81} + 0.6$$

$$\frac{P_A}{\rho} - \frac{P_B}{\rho} = \frac{42967.8}{1000} = v_B^2\left(\frac{1}{2*9.81} - \frac{0.36^2}{2*9.81}\right) + 0.6$$

$v_B = 30.9 \text{ m/s}$

water flow rate:

$Q = v_B*A_B = 30.9*\frac{\pi}{4}0.12^2 = 23.65 \text{ m}^3/\text{s}$

10) أكتب معادلة برنولي موضحاً معنى كل فقرة من فقراتها. نافورة ماء قطرها الابتدائي 135 ملم وجهت إلى أعلى عمودياً فوصلت إلى أقصى ارتفاع وقدره 18.4 متراً. بافتراض أن النافورة ظلت على شكلها الدائري حتى النهاية أوجد معدل سريان الماء وقطر النافورة على ارتفاع 10 متر و 15 متر. (الإجابة: 0.27 م$^3$/ث، 16.4م، 20.6م)

142

الحل :

$$\frac{p_1}{\rho g} + \frac{v_1^2}{2g} + Z_1 = \frac{p_2}{\rho g} + \frac{v_2^2}{2g} + Z_2$$

$$\frac{p}{\rho g} = pressure \quad head$$

$$\frac{v^2}{2g} = velocity \quad head$$

$Z = elevation$

$p_1 = p_2 = p_3 = 0$ \qquad (Atmospheric pressure)

$Z_1 = 0, Z_2 = 10m, Z_3 = 15m, Z_4 = 18.4m$

$$\frac{v_1^2}{2g} + 0 = \frac{v_2^2}{2g} + 10 = \frac{v_3^2}{2g} + 15 = \frac{v_4^2 \, (=0)}{2g} + 18.4$$

$$\frac{v_1^2}{2g} = 18.4$$

$$v_1^2 = 18.4 \times 2 \times 9.81 = 361$$

$$v_1 = 19 \, m/s$$

$$Q = A_1 v_1 = \frac{\pi}{4} \times 0.135^2 \times 19 = \underline{\underline{0.272}} \, m^3/s$$

$$v_2^2 = 2g \, (18.4 - 10) = 164.808$$

$$v_2 = 12.838 \, m/s$$

$$A_2 = \frac{Q}{v_2} = \frac{0.272}{12.838} = 0.021187 \quad m^2$$

143

$$d_2 = \sqrt{0.021187 \times \frac{4}{\pi}} x 100 = \underline{\underline{16.4\ cm}}$$

$$v_3 = \sqrt{2 \times 9.81\ (18.4 - 15)} = 8.17\ m/s$$

$$A_3 = \frac{0.272}{8.17} = 0.0333\ m^2$$

$$d_3 = \sqrt{\frac{4}{\pi} \times 0.0333} \times 100 = \underline{\underline{20.59\ cm}}$$

11) يوصل خط أنابيب بين خزانين الفرق في الإرتفاع بينهما 5 م، وطول الخط 600 م ويرتفع إلى علو مترين أعلى الخزان الأعلى عند مسافة 200م من المدخل قبل الهبوط إلى الخزان الأسفل قطر الأنبوب إلى متر واحد، ومعامل الإحتكاك f = 0.015؛ أوجد معدل السريان والضغط عند أعلى نقطة في الخزان.

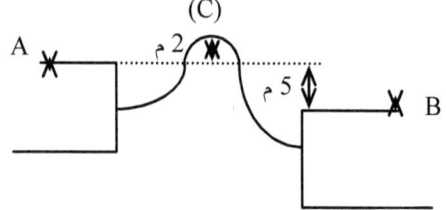

الحل:

A pipeline connects two reservoirs. Difference in height between tanks is5 m and length of transmission line is 600 m and it rises to a height of two meters above the top tank at 200m meters from the entrance before landing to the bottom tank. Diameterofpipe one meter, the coefficient of friction f = 0.015; find flow rates and the pressure at the highest point in the tank.

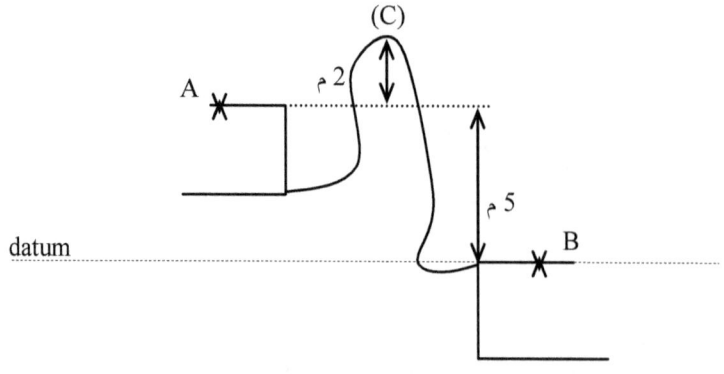

Use Bernoulli's equation between A and B:

L= 600m , d = 1m

$$\frac{P_A}{\rho} + \frac{v_A^2}{2g} + z_A = \frac{P_B}{\rho} + \frac{v_B^2}{2g} + z_B + h_{l1}$$

$$\frac{0}{\rho} + \frac{0}{2g} + 5 = \frac{0}{\rho} + \frac{0}{2g} + 0 + h_l$$

$$h_{l1} = 5m$$

$$h_{l1} = f\frac{l}{d}\frac{v_C^2}{2g} = 5$$

$$0.015\frac{600}{1}\frac{v_C^2}{2*9.81} = 5$$

$v_c = 10.9$ m/s

<u>Flow rate:</u>

$Q = v_c * A = 10.9 * \frac{\pi}{4}1^2 = 8.56$ m³/s

Use Bernoulli's equation between A and C:

$L_2$= 200 m , d = 1m

$$\frac{P_A}{\rho} + \frac{v_A^2}{2g} + z_A = \frac{P_C}{\rho} + \frac{v_C^2}{2g} + h_{l2} + z_C$$

$$h_{l2} = f\frac{l}{d}\frac{v_C^2}{2g} = 0.015\frac{200}{1}\frac{10.9^2}{2g} = 18.17\ m$$

$$\frac{0}{\rho} + \frac{0}{2g} + 5 = \frac{P_C}{\rho} + \frac{10.9^2}{2g} + 18.17 + 7$$

$$\frac{P_C}{1000} = \frac{10.9^2}{2g} + 18.17 + 7 - 5$$

$P_c = 26.2$ kPa

12) الماء من خزان كبير ينساب إلى الأجواء المحيطة عبر أنبوب قطره    15   سم وطوله 350 م المدخل من الخزان إلى الأنبوب حاد والمخرج   10 م أدنى من سطح الماء في الخزان إذا كانت f = 0.01 ، أحسب معدل السريان.

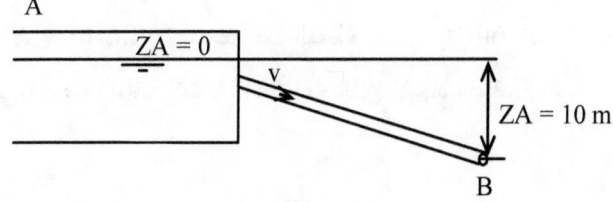

## الحل:

**المعطيات:** قطر الأنبوب = 15 سم، طول الأنبوب = 350 م، المخرج من الخزان =
10 م أدنى من سطح الماء في الخزان، f = 0.01،

Using Bernoulli's equation

$$\left( \frac{P_1}{\rho} + \frac{v_1^2}{2g} + z_1 \right)_l = \left( \frac{P_2}{\rho} + \frac{v_2^2}{2g} + z_2 \right)$$

$D_1 = 15 \text{ cm} = 0.15 \text{ m}$

$L = 350 \text{ m}$

$z_1 = 0$

$z_2 = 10 \text{m}$

$f = 0.01$

Then pressure between A and B would be

$$\frac{P_1}{\rho} + \frac{v_1^2}{2g} + z_1 = \frac{P_2}{\rho} + \frac{v_2^2}{2g} + z_2$$

$$0 + 0 + 0 = \frac{P_2}{1000} + \frac{v_2^2}{2*9.81} - 10$$

$$P_2 = f \frac{L}{D} \frac{v_2^2}{2g} = 0.01 * \frac{350}{0.15} * \frac{v_2^2}{2*9.81} = 1.19 v_2^2$$

$$0 + 0 + 0 = \frac{1.19 v_2^2}{1000} + \frac{v_2^2}{2*9.81} - 10$$

$V_2 = 13.85 \text{ m/s}$

Use continuity equation: Q = vA for the pipe

Thus, flow Q = $v_2 * A_2$

Q = 13.85*(3.142*0.15*0.15/4) = 0.24 m³/s

13) في معادلة السريان لانبوب سريان غير قابل للانضغاط وفي حالة جريان مستقر اثبت
أن السرعة المتوسطة تتناسب عكسياً مع مساحة مقطع الجريان. إذا تحققت معادلة
الاستمرارية لسائل يسري في ماسورة وكان التصرف Q = 0.85 m³/s وكان القطر
في المقطع الأول 0.6 m والسرعة عند المقطع الثاني 11.6m/s أحسب مساحة
المقطع الثاني. عرف الفواقد الثانوية، اكتب معادلتين لايجاد الفواقد الثانوية.

146

الحل:

From continuity equation: Q = vA

Q = 0.86 m³/s

$D_1 = 6m$, $v_2 = 11.6$ m/s

$Q = v_2*A_2 = 11.6*(\pi*D_2^2/4) = 0.85$

$A_2 = 0.85/11.6 = 0.073$ m²

Then, $D_2 = 0.305$ m

تكون الفواقد الثانوية بسبب الاتساع المفاجئ في قطر الأنبوب، أو التقلص المفاجئ، أو بسبب الصمامات أو الإنحناءات التي تكون موجودة في الأنابيب. وهذه الفواقد ذات تأثير في الحسابات

الفواقد الثانوية $h_m$ هي حاصل الجمع لكل أنواع الفواقد الثانوية الموجودة في النظام المبينة في المعادلة 7-84.

$$h_m = h_e + h_c + h_v + ... \text{ etc} \qquad\qquad 7-84$$

حيث:

$h_e$ = تشير إلى الفواقد بسبب الاتساع

$h_c$ = الفواقد بسبب التقلص

$h_v$ = الفواقد بسبب الصمام الموجود وهكذا

14) ارسم مخطط لتوزيع السرعة يسري في ماسورة. إذا كان معدل تغير السرعة لمائع يسري في ماسورة يمكن أن يعبر عنه بالمعادلة: $\frac{u}{U} = 1 - \left(\frac{r}{R}\right)^2$ حيث U السرعة عند مركز الماسورة، r المسافة بين النقطة المعينة وحتى عند مركز الماسورة، R المسافة من جدار الماسورة وحتى مركزها جد اجهاد الق t للنسب التالية لقيم $\frac{r}{R}$ : 0، 0.2، 0.5 علماً بأن U تساوي 10 م/ث، و $\mu = 2\times10^{-3}$ باسكال.

الحل:

U = 10 m/s

$\mu = 2*10^{-3}$ Pa.s

Find shear stress from the equation: $\tau = - \mu*du/dr$

147

From equation of velocity:

$$u = U\left(1 - \left(\frac{r}{R}\right)^2\right) = U\left(1 - \frac{r^2}{R^2}\right) = U - U\frac{r^2}{R^2}$$

$$\frac{du}{dr} = -2U\frac{r}{R^2} = -20\frac{r}{R^2}$$

| $\frac{r}{R}$ (Dimensionless) | du/dr (/s) | τ ($N/m^2$) |
|---|---|---|
| 0 | 0 | $2*10^{-3}$ |
| 0.2 | -4 | $8*10^{-3}$ |
| 0.5 | -10 | $120*10^{-3}$ |

15) خزان مشيد على بعد 4km من مدينة جامعية تعداد السكان فيها 5000 نسمة وذلك لتزويد المدينة بالماء وقت الحوجة. وفقاً للتقديرات فان استهلاك الفرد يساوي 200 lit / day ، إذا كان نصف الاستهلاك الكلي يغطي من الخزان بواسطة مضخة تعمل 10 ساعات في اليوم اوجد قطر الماسورة المناسبة إذا كان الفقد نتيجة للاحتكاك على طول الماسورة يساوي 20m والفواقد الثانوية مهملة (خذ معامل الاحتكاك f = 0.032)

**الحل:**

المعطيات: بعد الخزان من المدينة =4km، تعداد السكان = 5000، استهلاك الفرد =200 lit / day، المياه من المضخة = نصف الاستهلاك الكلي ، عمل مضخة = 10 ساعات في اليوم، الفقد نتيجة للاحتكاك على طول الماسورة =20m والفواقد الثانوية = 0، خذ معامل الاحتكاك 0.032 = f.

$H_f = 20$ m

L = 4000 m

f = 0.032

Consumption of people = population*per capita consumption = Q = P*q = 4000*200/1000 $m^3$/d = 800 $m^3$/d = 800/24*3600 $m^3$/s

Amount to be supplied by pump = half consumption = $(800/24*3600 \text{ m}^3/\text{s})/2 = 400/24*3600 \text{ m}^3/\text{s}$

Since pump works only for ten hours, then amount need to be pumped = $(400/24*3600 \text{ m}^3/\text{s})*24/10 = 0.0111 \text{ m}^3/\text{s}$

$v = Q/(\pi D^2/4)$

$h_f = f\dfrac{L}{D}\dfrac{v^2}{2g}$

$h_f = f\dfrac{1}{D}\dfrac{\left(\dfrac{Q}{\frac{\pi D^2}{4}}\right)^2}{2g} = f\dfrac{L}{D^5}\dfrac{Q^2}{32g\pi^2}$

$h_f = 20 = f\dfrac{L}{D^5}\dfrac{Q^2}{32g\pi^2} = 0.032*\dfrac{4000}{D^5}*\dfrac{0.01111^2}{32*9.81*\pi^2}$

$D^5 = \dfrac{4000}{20}*0.032*\dfrac{0.01111^2}{32*9.81*\pi^2}$

From which D = 2.55 m

16) الماسورة AB متفرعة إلى ماسورتين BD، BC عند B إذا كان قطر الماسورة عند D , C , B , A يساوي 45cm و 30cm و 20cm و 15cm على الترتيب اوجد شدة التصريف والسرعة عند A إذا كانت السرعة عند C تساوي 4m/s وعند D تساوي 10m/s.

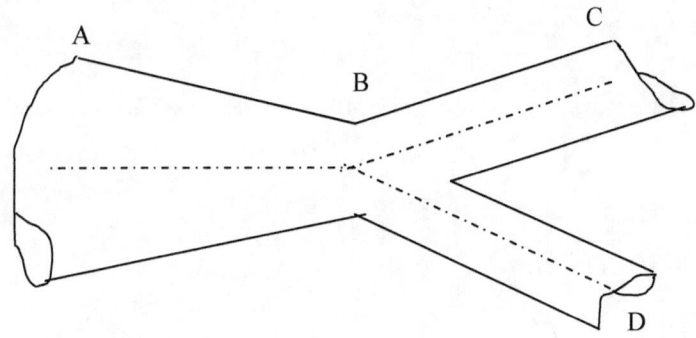

149

## الحل:

المعطيات: قطر الماسورة عند A , B , C , D=45cm و 30cm و 20cm و 15cm

على الترتيب، السرعة عند C=4m/s وعند D=10m/s.

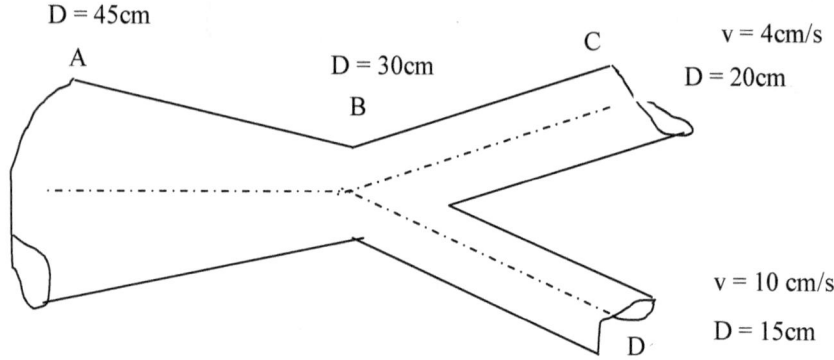

Use continuity equation: Q = vA

Find flow at B = flow from both C & D

$$Q_B = 4 * \frac{\pi}{4} 20^2 + 10 * \frac{\pi}{4} 15^2 = 3025 \ cm3/s$$

From continuity: $Q_A = Q_B = 3025 = vA$

But area at A = $\pi*45^2/4 = 1591 \ cm^2$

Then velocity at A = 3025/1591 = 1.9 cm/s

17) خط انابيب مصنع من الفولاذ اذا كان فاقد الطاقة لسبب الاحتكاك يساوي 85mm لكل كيلومتر من الخط الناقل اذا كان التصريف 0.015m³/s ومعامل الإحتكاك f = 0.017.

## الحل:

المعطيات: فاقد الطاقة للاحتكاك =85mm لكل كيلومتر من الخط الناقل، التصريف Q=0.015m³/s، معامل الإحتكاك f = 0.017.

f = 0.017

H$_f$/L = 0.085/1000 m/m

$Q = 0.015 \text{ m}^3/\text{s}$

$V = Q/(\pi D^2/4)$

$h_f = f\dfrac{L}{D}\dfrac{v^2}{2g}$

$\dfrac{h_f}{L} = f\dfrac{1}{D}\dfrac{\left(\dfrac{Q}{\frac{\pi D^2}{4}}\right)^2}{2g} = f*\dfrac{1}{D^5}*\dfrac{Q^2}{32g\pi^2}$

$\dfrac{h_f}{L} = = f\dfrac{1}{D^5}\dfrac{Q^2}{32g\pi^2} = \dfrac{0.085}{1000} = 0.017*\dfrac{1}{D^5}*\dfrac{0.015^2}{32g\pi^2}$

$D^5 = \dfrac{1000}{0.085}*0.017*\dfrac{0.015^2}{32*9.81*\pi^2}$

From which D = 0.11 m

# الفصل الثامن

# السريان اللزج خلال الأنابيب المغلقة

# Viscous Flow in Closed Conduits

## 8-8 تمارين عامة

### 8-8-1 تمارين نظرية

1) ما الفرق بين القناة والأنبوب؟

**الحل:**

ويسمى الأنبوب المغلق قناة أو مجرى duct عندما يكون شكل مقطعها غير دائري، ويطلق عليها أنبوب pipe عندما يكون شكل مقطعها دائرياً.

2) ما الفرق بين أنواع الدفق التالي: لزج، ومضطرب، ومستقر، ومنتظم؟

**الحل:**

| | لزج | مضطرب | مستقر | منتظم |
|---|---|---|---|---|
| الاجهادات المماسية | تنتج فقط من لزوجة السائل | تسببها عوامل أخرى أهمها ظاهرة الاختلاط المستمر في | لا يحدث في الانسياب تغير للكثافة، أو الضغط، أو | |

| | | | | |
|---|---|---|---|---|
| | | السائل (الدوامات التي تحدث التقلب المستمر للسائل) | الحرارة بالنسبة للزمن. | |
| معامل الاحتكاك | يعتمد على رقم رينولدز فقط | يعتمد على رقم رينولدز وخشونة الأنبوب وقطره ونوع المادة المصنوع منها الأنبوب | | |
| رقم رينولدز | مساوياً أو في حدود 2000 تقريباً | أكبر من 2300 | | 2000 |
| حركة جسيمات المائع | منتظمة وتحتل نفس المواقع بالنسبة للجسيمات الأخرى في مقاطع مختلفة من الانسياب. 2. | تتحرك بصورة غير منتظمة وتحتل مواقع مختلفة بالنسبة للجسيمات الأخرى في مقاطع مختلفة من الانسياب | | كل متغيرات المائع لا تتغير مع المسافة |
| تغير الدفق مع الزمن | | | لا يوجد | لا تتغير سرعة السائل مع الإزاحة (في |

| | | | |
|---|---|---|---|
| المقدار والاتجاه). | | | |

3) عرف رقم رينولدز؛ وبين كيفية الإستفادة منه لمعرفة نوع الدفق في الأنابيب المغلقة، وفي القنى المكشوفة.

**الحل:**

للتفرقة بين انسياب المائع المضطرب والصفحي يمكن استخدام رقم رينولدز والذي يقارن قوى القصور الذاتي مع قوى اللزوجة. حيث يوصف الدفق في الأنابيب المغلقة بأنه صفحي عندما يقل رقم رينولدز عن      2100، ويكون الدفق مضطرب عندما يزيد رقم رينولدز عن      4000، ومقدار رقم رينولدز بين هذين المقدارين يشير إلى وجود دفق انتقالي.

4) تحدث بإيجاز عن تجربة رينولدز للتفريق بين الدفق المضطرب والرقائقي.

**الحل:**

انظر الفصل 7-5 أنواع الانسياب من الكتاب.

5) ما الفرق بين خط الإنسياب وأنبوب الإنسياب؟

**الحل:**

تتحرك الجسيمات في خط انسياب streamline يعرف على أنه "خط مستمر عبر المائع بحيث أن له اتجاه موجه السرعة في أي نقطة؛ ولا يحدث دفق خلال خط الانسياب. ويتكون أنبوب الانسياب stream tube من عدة خطوط انسياب مارة عبر منحنى مغلق لتكون مسار أسطواني الشكل. أما مقطع أنبوب الانسياب وسطحه الذي لا يحدث خلاله دفق فيسمى سطح الانسياب stream surface.

6) ما العوامل المؤثرة على إجهاد القص في السريان اللزج؟

**الحل:**

إجهاد القص يتغير خطياً مع نصف القطر، فتكون قيمته صفر عند المركز وأقصى قيمة له عند جدار الأنبوب.

7) ما العوامل المؤثرة على معدل الدفق غير المنضغط في أنبوب مائل على الأفقي بزاوية معينة؟

**الحل:**

درجة اللزوجة التحريكية، طول الأنبوب، قطر الأنبوب، السرعة المتوسطة للدفق، الوزن النوعي، عجلة الجاذبية الأرضية، معامل الاحتكاك.

8) ما فائدة معادلة دارسي–ويسباش لتحديد فقد السمت؟

**الحل:**

تحدد فقد السمت للنقصان في خط الميل الهيدروليكي.

9) ما أهم مؤثرات القانون الأسي لمظهر السرعة لدفق غير منضغط ولزج؟

**الحل:**

يستخدم القانون الأسي السباعي لمظهر السرعة كتقريب لكثير من الدفق العملي.

10) تحدث بإيجاز عن معادلات بلاسيوس ونيكورادس وكولبروك–وايت للتعبير عن معامل الإحتكاك.

**الحل:**

انظر الفصل 8-4 الدفق المضطرب من الكتاب.

## 11) بين كيفية استخدام مخطط مودي لحساب معامل الإحتكاك لكل أنواع السريان.

### الحل:

مخطط لقراءة الرسم البياني لمودي[2]

1) جد رقم رينولدز.
2) حدد نوع الانسياب حسب قيمة رقم رينولدز. إذا لم تحدد السرعة يمكن افتراض سرعة مناسبة أو عامل الاحتكاك الأولى (عند معرفة معامل الاحتكاك ينتقل للخطوة التالية في المخطط والتأكد من ثبات الافتراض).
3) إذا أظهر رقم رينولدز أن التدفق صفحي يمكن استخدام مخطط مودي. وإن تبين أن التدفق مضطرب ينبغي النظر من خلال رسم مودي.
4) احسب معامل الخشونة النسبية للأنبوب لتساوي معامل خشونة الأنبوب مقسوم على قطره (قيمة لابعدية).
5) من على الجانب الأيمن الرسم البياني لمودي اختار خط يطابق (أقرب لمطابقة) مقدار الخشونة النسبية المتحصل عليه. إذا كنت لا تحصل على خط المطبوعة متاحة بعد ذلك نفترض خط مواز ذلك خشونة نسبية ..
6) تتبع الخط الخاص المختار من على جهة اليسار ممتبعا منحنيات صعوده لتصل إلى الخط (عموديا) المطابق لرقم رينولدز الذي سبق تحديده. ضع علامة لتحديد نقطة التلاقي هذه.
7) استخدم مسطرة لتتبع هذه النقطة لليسار بالتوازي مع المحور السيني
8) اقرأ قيمة معامل الاحتكاك المطلوب من أقصى اليسار على الرسم البياني
9) بعد الحصول على معامل الاحتكاك احسب فقدان الطاقة. ومنها يمكن حساب سرعة جديدة ثم رقم رينولدز.
10) قارن القيمة الجديدة من رقم رينولدز مع سابقتها وحدد ما إذا كانت القيم مقبولة أم لا. إذا كان الفرق قليل كرر العملية الحسابية في هذا المخطط لرقم رينولدز الجديد.

## 12) ما المقصود بالفقد الأكبر والفقد الثانوي؟ وأين يوجد؟

### الحل:

إن معظم أنواع فقد السمت   Losses   التي تحدث في النظام تكون من جراء الاحتكاك عبر المقاطع المستقيمة من الأنابيب، ويطلق عليها الفقد الأكبر   Major losses   .وهناك

---

[2]http://mechanicalinventions.blogspot.com/2012/12/how-to-read-moody-chart.html

فقد عبر المحابس، والصمامات، والثنيات، والانحناء في الأنابيب والأكواع؛ وتسمى بالفقد الأصغر Minor losses .

13) ما العوامل المؤثرة على معامل الفواقد في الصمامات؟

**الحل:**

تعتبر الفواقد الأخرى عند المنحنيات والأكواع والصمامات جميعها فواقد صغيرة وغير هامة. وكلها يمكن التعبير عنها بالمعادلة 7-95.

$$h_L = k \frac{v^2}{2q}$$

14) كيف يمكن تحديد فقد السمت في الأنابيب الموصلة على التوالي؟

**الحل:**

انظر الفصل 8-6 توصيل الأنابيب على التوالي في الكتاب.

15) بين كيفية استخدام طريقة هاردي كروس لحساب توزيع الدفق داخل أنابيب شبكة مائية. وما أهم الإفتراضات فيها؟

**الحل:**

انظر الفصل 8-7 توصيل الأنابيب على التوازي في الكتاب.

يمكن تلخيص طريقة هاردي كروس كما مبين في النقاط التالية:

- تحدد الهيئة الهندسية للشبكة.
- يفترض دفق مناسب في كل أنبوب (ولا بد من تحقيق معادلة الاستمرارية في كل ملتقى، ويؤخذ الدفق الموجب في عكس اتجاه الطواف لينتج فقد سمت موجب)
- يحدد الآتي لكل حلقة في الشبكة: اتخاذ مصطلح إشارات، وحساب فقد السمت في كل أنبوب والمجموع الجبري لفواقد السمت حول الحلقة، وحساب مجموع كميات Δhو

$(n\ \Sigma(h/Q)$لكل أنبوب في الحلقة بغض النظر عن الاتجاه، وعمل التصحيح اللازم للدفق داخل الحلقة.

- إعادة تكرار الخطوات أعلاه لكل حلقة في الشبكة مع عمل التصحيح اللازم لكل أنبوب إلى أن يتم الحصول على الدقة المنشودة. ولابد من مراعاة عمل التصليح من أكثر من حلقة للعنصر المشترك بينها.

16) اذكر مساوئ طريقة هاردي كروس.

**الحل:**

من مساوئ طريقة هاردي كروس:

* ضياع الزمن والاحتياج إلى عمل ضخم ممل عند تقدير الدفق الأولي لكل أنبوب في الشبكة.
* محدودية الاستعمال بالنسبة للدفق الكبير، مما لا يأتي بالحد المقبول عند التصحيح.
* يتم أحياناً الحصول على تقديرات غير صحيحة لمسار الدفق.
* تتعقد الطريقة عند استخدامها لتحليل شبكة معقدة أو نظام يضم مستودعات مائية، وشبكة، ومضخات داخلية،وصمامات، وغيرها من التركيبات. ويستعصي عمل هذه الطريقة بالنسبة لشبكات المياه الكبيرة، وعليه يلجأ للحاسوب لإتمام التحاليل. وهناك عدة برامج حاسوب جاهزة معدة خصيصاً لتصميم الشبكات مثل برنامج هاردي كروس الدقيق MHC، وبرنامج هايستد، وبرنامج وسنت، وغيرها من برامج الحاسوب الجاهزة.

17) جد معادلة أويلر للحركة عبر خط الإنسياب من المبادئ الأولية.

**الحل:**

انظر الفصل معادلة أويلر Euler's Equation للحركة عبر خط الانسياب في الكتاب.

18) عرف معادلة الإستمرارية ومعادلة برنولي مبيناً أهم التطبيقات العملية لهما.

انظر الفصل 7-3 معادلة الاستمرارية والفصل 7-8 تطبيقات معادلة برنولي من الباب السابع من الكتاب.

## 8-8-2 تمارين عملية

1) تتكون شبكة أنابيب من حلقتين وثلاثة أنابيب أ، ب، جـ أقطارها 230، 180، 280 ملم على الترتيب وأطوالها 300، 150 و400 م علىالترتيب، ومعامل خشونة كل منها 0.0025. أما معدل سريان الماء على درجة حرارة 20°م فيساوي 25 متر مكعب في الدقيقة. تقع النقطة 1 على ارتفاع 15 متر أما النقطة 2 فعلى ارتفاع 9 أمتار، والضغط عند النقطة 1 يعادل 100 كيلو باسكال. باستخدام معادلة دارسي ديسباش أوجد معدل الدفق في كل أنبوب من الأنابيب أ، ب، جـ، وأوجد الضغط عند النقطة 2. (كثافة الماء على درجة حرارة 20°هي 998.2 كجم/م$^3$). الإجابة (7.8، 6، 11.2 م$^3$/دقيقة؛ 94 كيلوباسكال)

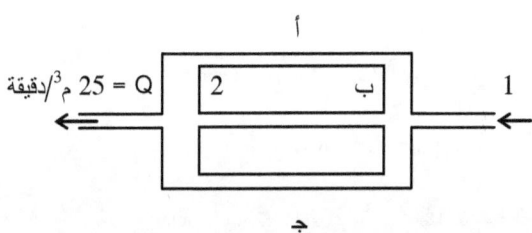

2
1

**الحل :**

المعطيات: T = 20، $Z_1 - Z_2 = 10 - 9 = 1$ م، $P_1 = 100$ كيلوباسكال، f = 0.0025

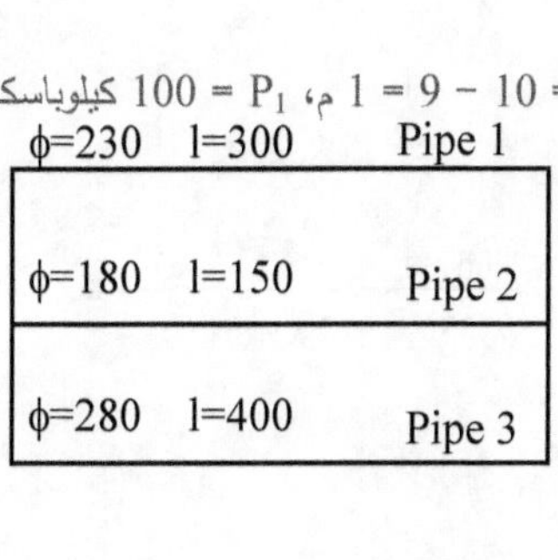

ϕ=230   l=300   Pipe 1
ϕ=180   l=150   Pipe 2
ϕ=280   l=400   Pipe 3

$Q = 25/60 = 0.417\ m^3/s$

بافتراض دفق في أنبوب (1) 400 م$^3$/ساعة = 0.111 م$^3$/ث

$$v_1 = \frac{0.111}{\frac{\pi}{4}(0.23)^2} = 2.67\ m/s$$

$$h_1 = f\frac{l}{D}\frac{v^2}{2g} = 0.0025\ \frac{300}{0.23}\frac{3.67^2}{2\,x\,9.81} = 1.185\ m$$

جد السرعة في الأنبوب 2

$$1.185 = f\frac{l}{D}\frac{v^2}{2g} = 0.0025\ \frac{150}{0.18}\frac{v_2^2}{2\,x\,9.81} \qquad v_2 = 3.34\ m/s$$

$$Thus\ ,Q'_2 = \frac{\pi}{4}(0.18)^2\ x\,3.34 = 0.085\ m^3/s$$

جد السرعة في الأنبوب 3

$$1.185 = f\frac{l}{D}\frac{v^2}{2g} = 0.0025\ \frac{400}{0.28}\frac{v_3^2}{2\,x\,9.81} \qquad v_3 = 2.55\ m/s$$

$$Thus\ ,Q'_3 = \frac{\pi}{4}(0.28)^2\ x\,2.55 = 0.157\ m^3/s$$

$$\Sigma Q' = 0.111 + 0.085 + 0.157 = 0.358\ m^3/s$$

جد الدفق في الأنبوب 1

$$Q_1 = \frac{0.111\ x\,0.417}{0.353} = 0.13\ m^3/s = 7.8\ m^3/\min$$

$$Q_2 = \frac{0.085\ x\,0.417}{0.353} = 0.1\ m^3/s = 6\ m^3/\min$$

$$Q_3 = \frac{0.157\ x\,0.417}{0.353} = 0.185\ m^3/s = 11.2\ m^3/\min$$

تأكد من $h_f$

$$h_1 = f\frac{l}{D}\frac{v^2}{2g} = 0.0025\ \frac{300}{0.23}\frac{\left[\frac{0.13}{\frac{\pi}{4}(0.23)^2}\right]^2}{2\,x\,9.81} = 1.63\ m$$

$$h_2 = f \frac{l}{D} \frac{v^2}{2g} = 0.0025 \ \frac{150}{0.18} \ \frac{\left[\dfrac{0.1}{\dfrac{\pi}{4}(0.18)^2}\right]^2}{2 \times 9.81} = 1.64 \ m$$

$$h_3 = f \frac{l}{D} \frac{v^2}{2g} = 0.0025 \ \frac{400}{0.28} \ \frac{\left[\dfrac{0.18}{\dfrac{\pi}{4}(0.28)^2}\right]^2}{2 \times 9.81} = 1.64 \ m$$

$v_1 = 3.14 \ m/s \qquad Q_1 = 0.13 \ m^3/s = 7.8$

$v_2 = 3.93 \ m/s \qquad Q_1 = 0.1 \ m^3/s = 6$

$v_3 = 3m/s \qquad Q_1 = 0.185 \ m^3/s = 11.2$

جد الضغط عند النقطة 2

$$\frac{P_1}{\gamma} + Z_1 = \frac{P_2}{\gamma} + Z_2 + h_{f2}$$

$$\frac{100 \times 1000}{998.2 \times 9.81} + 10 = \frac{P_2}{998.2 \times 9.81} + 9 + 1.64$$

$$P_2 = 94 \ kPa$$

2) ينساب ماء من مستودع عبر أنبوب عريض قطره 60 ملم يتفرع إلى أنبوبين صغيرين قطريهما 15 و 20 ملم. بتجاهل آثار اللزوجة أوجد معدل الدفق من المستودع والضغط عند النقطة جـ. (الإجابة: 0.42 م³/ث؛ 53 كيلوباسكال).

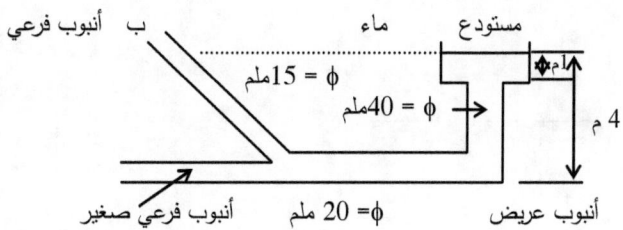

161

## الحل:

$$\frac{P_o}{\gamma} + \frac{v_o^2}{2g} + Z_o = \frac{P_2}{\gamma} + \frac{v_2^2}{2g} + Z_2$$

$P_o = P_B = 0$, $v_o = 0$ (large), $z_o = 4$ m
$z_2 = 4 - 1 = 3$m

$$0 + 0 + 4 = 0 + \frac{v_B^2}{2 x 9.81} + 3 \qquad v_B = 4.43 \text{ m/s}$$

$$Q_B = 4.43 \frac{\pi}{4}(0.15)^2 = 0.078 \ m^3/s$$

وبالمثل

$$\frac{P_o}{\gamma} + \frac{v_o^2}{2g} + Z_o = \frac{P_A}{\gamma} + \frac{v_A^2}{2g} + Z_A$$

$P_o = P_A = 0$ (free jet), $v_o = 0$ (large), $z_o = 6$ m, $z_A = 0$ m

$$0 + 0 + 6 = 0 + \frac{v_A^2}{2g} + 0 \qquad v_A = 11.85 \text{ m/s}$$

$$Q_A = \frac{\pi}{4}(0.2)^2 x 11.85 = 0.34 \ m^3/s$$

إذن الدفق من المستودع = $Q_A + Q_B$

$Q_A + Q_B = 0.078 + 0.34 = 0.42 \ m^3/s$

$$\frac{P_o}{\gamma} + \frac{v_o^2}{2g} + Z_o = \frac{P_c}{\gamma} + \frac{v_c^2}{2g} + Z_c$$

$P_o = 0$, $v_o = 0$, $z_c = 0$ m, $z_0 = 0$ m

$$v_c = \frac{0.42}{\frac{\pi}{4}(0.4)^2} = 3.34 \ m/s$$

$$0 + 0 + 6 = \frac{P_c}{9.81 x 1000} + \frac{3.34^2}{2 x 9.81} + 0$$

$P_c = 53$ kPa

3) إذا علمت أن تغير السرعة في أنبوب دائري قطره R يمثل بالمعادلة التالية: $V_{max} = \left(1 - \frac{r}{R}\right)^k$ ، أثبت أن السرعة المتوسطة $u_a$ في الأنبوب تساوي

$$2V_{max} = \left[\frac{1}{(k+1)(k+2)}\right]$$

**الحل:**

Element area = $2\pi r.dr$

$$Q = \int_0^r v.\, dA = \int_0^r v.\, 2\pi r.dr = v_{max}\int (1 - r/r_o)^k.\, 2\pi r.dr = 2\pi\, v_{max}\int(1 - r/r_o)^k.\, r.dr$$

Put $x = (1 - r/r_o)$ thus, $r = (1 - x)r_o$

$dx = - dr/r_o$ $dr = - r_o\, dx$

When $r = r_o$ $x = 0$

$r = 0$ $x = 1$

$$\int_0^{r_o} (1 - r/r_o)^k.\, r.dr = \int_1^0 x^k\, r_o(1 - x)(-r_o).dx = \int_1^0 -r_o^2\,(x^k - x^{k+1})dx$$

$$= -r_o^2\,[(x^{k+1})/(k+1) - (x^{k+2})/(k+2)]$$
$$= -r_o^2\,[0 - 0 -(1/(k+1) - 1/(k+2))]$$
$$= r_o^2[(k+2-(k+1))/\{(k+1)(k+2)\}]$$
$$= r_o^2/[(k+1)(k+2)]$$

Thus, $Q = 2\pi\, v_{max}\, r_o^2/[(k+1)(k+2)] = u_{av}.\, 2\pi r_o^2$

Therefore, $u_{av} = 2\pi\, v_{max}/[1/(k+1)(k+2)]$

4) ينساب ماء من حنفية مياه في الطابق الثاني من مبنى بسرعة قصوى تعادل 570 متر في الدقيقة بدفق مستقر وغير لزج. إذا كان ارتفاع كل طابق 3.5 م أوجد أقصى سرعة للماء من حنفية في الطابق الأول، وأقصى سرعة للماء من حنفية في الطابق الثالث. (الإجابة 756 م/دقيقة، 279 م/دقيقة).

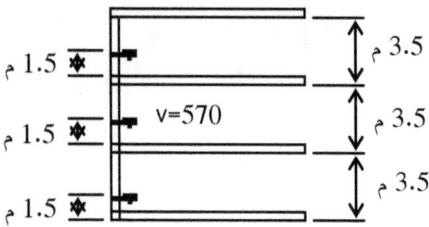

**الحل:**

$v = 570/60 = 9.5$ m/s

$$\frac{P_1}{\gamma} + \frac{v_1^2}{2g} + Z_1 = \frac{P_2}{\gamma} + \frac{v_2^2}{2g} + Z_2$$

$P_1 = P_2 = 0$ نافورة حرة

$v_1 = 9.5$ m/s, $z_1 = 1.2$ m, $z_2 = 12- - 3.5 = - 2.3$ m

$$0 + \frac{9.5^2}{2 x 9.81} + 1.2 = 0 + \frac{v_2^2}{2 x 9.81} - 2.3$$

$v_2 = 12.61$ m/s = 756 m/min

$$\frac{P_1}{\gamma} + \frac{v_1^2}{2g} + Z_1 = \frac{P_3}{\gamma} + \frac{v_3^2}{2g} + Z_3$$

$P_1 = P_3 = 0$ نافورة حرة

$v_1 = 9.5$ m/s, $z_1 = 1.2$ m, $z_3 = 4.7$ m

$$0 + \frac{9.5^2}{2 x 9.81} + 1.2 = 0 + \frac{v_3^2}{2 x 9.81} + 4.7$$

$v_3 = 4.65$ m/s = 279 m/min

5) يتدفق ماء عبر الحلقة المبينة في الشكل من النقطة أ بمعدل     24 متر مكعب في الدقيقة. ثم يوزع في النقاط ب، جـ، د على نحو  9، 6، 9 متر مكعب في الدقيقة على الترتيب. أقطار الأنابيب متساوية  600 ملم، ومعامل خشونتها 0.0312 وأطوالها أب = 150، ب جـ = 300، جـ د = 150، دأ = 240 م. أوجد مقدار السريان خلال كل أنبوب ومقدار الضغط في النقاط ب، جـ، د علماً بأن الضغط على النقطة أ يساوي 150 كيلونيوتن/م$^2$. (الإجابة: 13، 4، 2، 11 م$^3$/دقيقة، 103 كيلوباسكال)

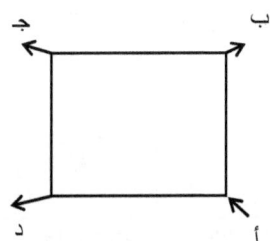

الحل:

Diameter of all pipes = D = 600 mm

Friction factor = f = 0.0312

Pressure at joint A = $P_A$ = 150 kPa

H = head loss, m

    k = resistance coefficient

    Q = flow, m$^3$/s

    k = factor depending on equation

$$k = f\frac{L}{2g\left(\frac{\pi}{4}\right)^2 D^5} = 0.0312\frac{L}{2*9.81\left(\frac{\pi}{4}\right)^2 0.6^5} = 0.03315L$$

L = pipe length

$k_{AB}$ = 0.03315*150 = 4.97

$k_{BC}$ = 9.85

$k_{CD}$ = 4.97

$k_{DA}$ = 7.96

$$h = f\frac{L}{D}\frac{v^2}{2g} == f\frac{L}{2g}\frac{Q^2}{\left(\frac{\pi}{4}\right)^2 D^5} = kQ^2$$

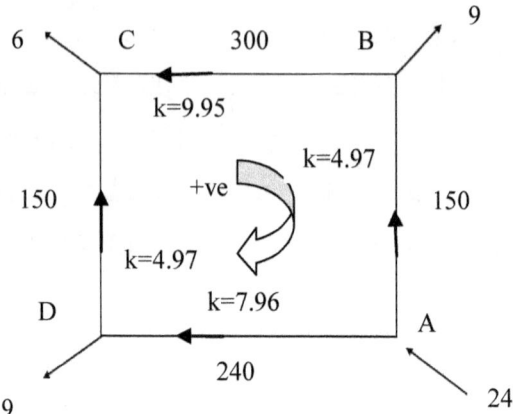

| pipe | Q assumed | k | $h = kQ^2$ | h/Q | $\delta Q$ |
|------|-----------|------|-----------|--------|------------|
| AB | -13 | 4.97 | -839.93 | 64.61 | = - |
| BC | -4 | 9.95 | -159.2 | 39.8 | $kQ^2/2*(h/Q)$ |
| CD | 2 | 4.97 | 19.88 | 9.94 | = 0.039844485 |
| DA | 11 | 7.96 | 963.16 | 87.56 | |
| | Sum | | -16.09 | 201.91 | |

| pipe | Q assumed | $h = kQ^2$ | $P = \rho gh$ | P |
|------|-----------|-----------|---------------|---|
| AB | -13 | -839.93 | 8.3 | $P_A = 150 kN/m^2$ |
| BC | -4 | -159.2 | 1.6 | $P_B = 150 - 8.3$ (losses AB) =141.7 |
| CD | 2 | 19.88 | 0.2 | $P_c = P_B -$ losses in BC =141.7 -1.6 =140.2 |
| DA | 11 | 963.16 | 9 | $P_D = P_C -$ losses in CD =140.2 -0.2-9 = 130 |

6) أنبوب يحمل ماء يتقلص من مساحة 0.2 م$^2$ في النقطة أ إلى مساحة 0.1 م$^2$ في النقطة ب. والسرعة المنتظمة للماء على النقطة أ تساوي 1.5 متر على الثانية على ضغط قياسي 105 كيلوباسكال. أوجد مقدار الضغط في النقطة ب التي تبعد بمقدار 5 متر من النقطة أ بتجاهل آثار الإحتكاك. (الإجابة 58.8 كيلوباسكال).

**الحل:**

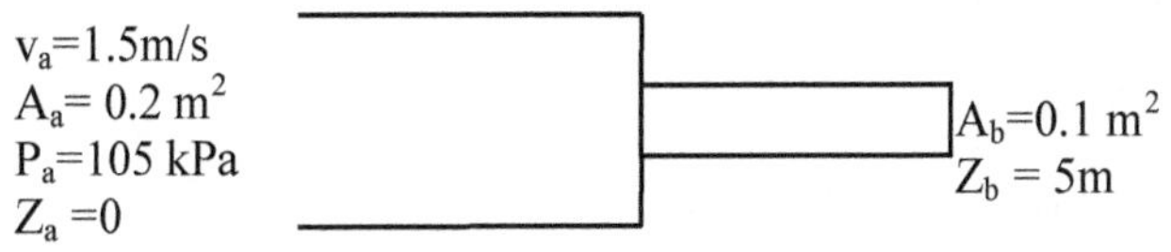

$v_a$=1.5m/s
$A_a$= 0.2 m$^2$
$P_a$=105 kPa
$Z_a$ =0
$A_b$=0.1 m$^2$
$Z_b$ = 5m

من معادلة الاستمرارية

$$V_B = \frac{V_a A_a}{A_b} V_a = 1.5 \frac{0.2}{0.1} = 3\ m/s$$

وباستخدام معادلة برنولي بين النقطتين A و B

$$\frac{v_A^2}{2g} + \frac{P_A}{\gamma} + Z_A = \frac{v_B^2}{2g} + \frac{P_B}{\gamma} + Z_B$$

$$\frac{3^2}{2 x 9.81} + \frac{105000}{9.81\ x 1000} + 0 = \frac{1.8^2}{2 x 9.81} + \frac{P_B}{9.81\ x 1000} + 5$$

$P_B$ = 58.8 kPa

7) خزانين A و B موصلين بمجموعة من المواسير كما مبين على الشكل فرق منسوب الماء بينهما 10 متر. بيانات المواسير الأربع على النحو التالي:

الماسورة 1: الطول L = 200 متر ، d = 30 سم، f = 0.02

الماسورة 2: الطول L = 100 متر ، d = 25 سم، f = 0.025

الماسورة 3: الطول L = 400 متر ، d = 25 سم، f = 0.025

الماسورة 4: الطول L = 300 متر ، d = 20 سم، f = 0.02

جد التصرف Q من الخزان A إلى B، أهمل سمت السرعة ومعامل المقاومة. (الإجابة: 0.075 م$^3$/ثانية)

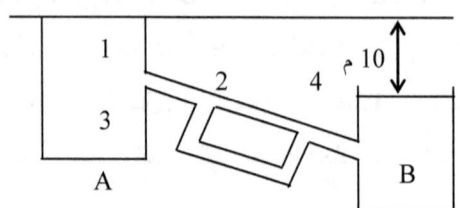

الحل:

$Q_1 = Q_2 + Q_3 = Q_4$

$h_{L2} = h_{L3}$

$h_{L1} + (h_{L2} \text{ or } h_{L3}) + h_{L4} = 10m$

$$f_2 \frac{L_2}{d_2} \cdot \frac{V_2^2}{2g} = f_3 \frac{L_3}{d_3} \cdot \frac{V_3^2}{2g}$$

$$0.025 \times \frac{100}{0.25} \cdot \frac{V_2^2}{2 \times 9.81} = 0.025 \times \frac{400}{0.25} \times \frac{V_3^2}{2 \times 9.81}$$

$$V_2^2 = 4 V_3^2 \rightarrow V_2 = 2 V_3$$

$$Q_1 = Q_4 \rightarrow \frac{\pi d_1^2}{4} V_1 = \frac{\pi d_4^2}{4} V_4$$

$$0.3^2 V_1 = 0.2^2 V_4$$

$$V_1 = 0.444 V_4$$

$Q_1 = Q_4 = Q_2 + Q_3$

$$\frac{\pi d_4^2}{4} V_4 = \frac{\pi d_2^2}{4} V_2 + \frac{\pi d_3^2}{4} V_3 = \frac{\pi}{4} \left( d_2^2 V_2 + d_3^3 V_3 \right)$$

$$= \frac{\pi}{4} \left[ 0.25^2 \times 2 V_3 + 0.25^2 V_3 \right]$$

$$\frac{\pi}{4} \times 0.2^2 V_4 = \frac{\pi}{4} \times 3 V_3 \times 0.25^2$$

$$\therefore 0.04 V_4 = 0.1875 V_3$$

$$V_4 = 4.688 V_3$$

$$V_4 = \frac{V_1}{0.444} = 2.252\ V_1$$

$$V_3 = \frac{V_4}{4.688} = \frac{2.252\ V_1}{4.688} = 0.48\ V_1$$

$$V_2 = 2V_3 = 2 \times 0.48\ V_1 = 0.96\ V_1$$

$$h_{L1} + h_{L2\ or\ 3} + h_{L4} = 10$$

$$f_1\frac{L_1}{d_1}\cdot\frac{V_1^2}{2g} + f_2\frac{L_2}{d_2}\cdot\frac{V_2^2}{2g} + f_4\frac{L_4}{d_4}\cdot\frac{V_4^2}{2g} = 10$$

ومنها

$$0.02 \times \frac{200}{0.3}\frac{V_1^2}{2\times 9.81} + 0.025 \times \frac{100}{0.25} \times \frac{\left(0.96\ V_1\right)^2}{2\times 9.81} + 0.02 \times \frac{300}{0.2} \times \frac{\left(2.252\ V_1\right)^2}{2\times 9.81}$$

$$\therefore 8.88\ V_1^2 = 10\quad V_1 = 1.06\ m/sec$$

$$Q_A = Q_1 = Q_4 = Q_B = \frac{\pi}{4} \times 0.3^2 \times 1.06 = \underline{\underline{0.075}}\ m^3/sec$$

8) يتكون مقياس فنتشوري من جزء متقلص يتبعه عنق قطره ثابت ثم يزداد من بعده. استخدم المقياس لإيجاد معدل سريان سائل في أنبوب. إذا علم أن القطر في أ هو 15 سم وعلى النقطة ب يساوي 15 سم، أوجد معدل الدفق خلال الأنبوب علماً بأن فرق الضغط بين النقطتين أ، ب يساوي 15 كيلوباسكال، والكثافة النسبية للسائل المنساب 0.95. (الإجابة 48 لتر/ث).

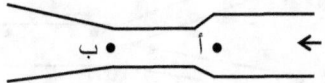

الحل:

sg= 0.95

$d_B=10cm$      $d_A = 15cm$

$P_A - P_B = 15000\ Pa$

من معادلة الاستمرارية

$Q = v_A.A_A = v_B.A_B$

$$Q = \frac{\pi}{4}(0.15)^2 x v_A = \frac{\pi}{4}(0.1)^2 x v_B$$

$v_A = 56.59\ Q,\ v_B = 127.32Q,\ z_1 = z_2$

$$\frac{P_A}{\gamma} + \frac{v_A^2}{2g} = \frac{P_B}{\gamma} + \frac{v_B^2}{2g}$$

$$\frac{P_A - P_B}{\gamma} = \frac{v_B^2 - v_A^2}{2g}$$

$$\frac{15000}{9.81 x 10^3} = \frac{127.32^2 - 56.59^2}{2 x 9.81}$$

$Q = 0.048\ m^3/s = 48\ L/s$

9) ينساب ماء من الأنبوب أب الذي يتصل على التوالي بالأنبوب ب جـ والأنبوب جـ د والأنبوب جـ هـ. قطر أب 40 ملم، وقطر الأنبوب ب جـ 50 ملم ويمر عبره الماء بسرعة منتظمة مقدارها 120 متر في الدقيقة. ثم يتفرع الأنبوب في النقطة جـ إلى فرعين جـ د، جـ هـ، وينساب الماء خلال الفرع جـ د بسرعة 90 متر في الدقيقة، وقطر الفرع جـ هـ 30 ملم ويمر خلاله نصف الدفق المار في الأنبوب جـ د. أوجد مقدار الدفق في كل الأنابيب أب، ب جـ، جـ د، جـ هـ، وأوجد مقدار سرعة الإنسياب في فرعي الأنبوب أب، جـ هـ. وما مقدار قطر الأنبوب جـ د. (الإجابة: 3.9، 3.9، 2.6، 1.3 لتر/ث؛ 3.1، 1.8 م/ث).

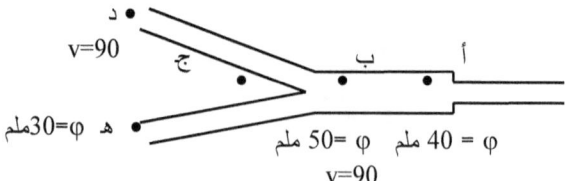

**الحل**

المعطيات: $v_3 = 90 \div 60 = 1.5$ م/ث، $v_2 = 120 \div 60 = 2$ م/ث، $Q_4 = Q_3 \div 2$

بما أن الأنابيب على التوالي ينساب نفس المعدل خلال كل الانابيب أي:

$Q_1 = Q_2$

$$\frac{\pi}{4}(0.04)^2 v_1 = \frac{\pi}{4}(0.05)^2 x 2$$

v1 = 3.125 m/s

$$Q_1 = \frac{\pi}{4}(0.04)^2 x 3.125 = 3.9 L/s$$

$$Q_2 = \frac{\pi}{4}(0.05)^2 x 2 = 3.9 L/s$$

$Q_2 = Q_3 + Q_4 = Q_3 + Q_3/2 = 1.5 Q_3$

$Q_3 = Q_2/1.5 = 3.9/1.5 = 2.6$ L/s

$Q_4 = Q_3/2 = 2.6/2 = 1.3$ L/s

$$v_4 = \frac{Q_4}{\frac{\pi}{4}(0.03)^2} = \frac{1.3 x 10^{-3}}{\frac{\pi}{4}(0.03)^2} = 1.8 m/s$$

10) (أ) اذا كان توزيع السرعة لسائل لزج ( $\mu = 0.9 N.s/m^2$) يتحرك فوق جدار ثابت يعطى بالعلاقة: $U = 0.68y - y^2$ حيث U السرعة بالمتر / الثانية على بعد y من سطح الجدار. أوجد اجهاد القص عند السطح وعلى بعد $y = 0.34m$.

(ب) في الشكل الموضح اوجد الارتفاع X اذا علمت أن $P_A - P_B = 69.7 kp_a$

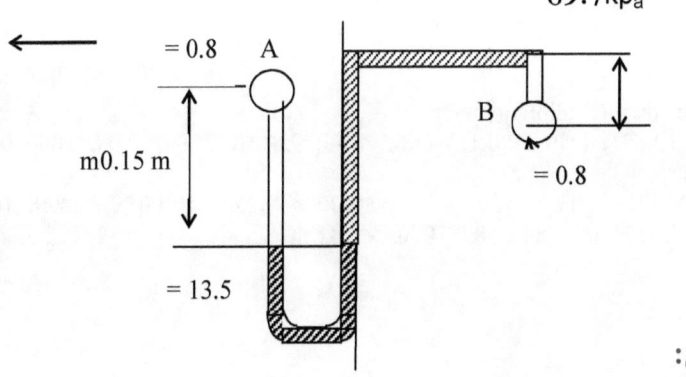

**الحل:**

(أ) المعطيات: اللزوجة $= \mu = 0.9 N.s/m^2$، توزيع السرعة: $U = 0.68y - y^2$، البعد $y = 0.34m$.

$U = 0.68y - y^2$

Find shear stress from equation: $\tau = \mu \dfrac{du}{dy}$

Find du/dy from equation as first derivative as: $\dfrac{du}{dy} = \dfrac{d(0.68y - y2)}{dy} = 0.68 - 2y$

Find stress at surface where y = 0, $\mu = 0.9 N.s/m^2$

     a.   when y = 0, then du/dy = 0.68

     b.   $\tau = \mu \dfrac{du}{dy} = -0.9 * 0.68 = 8.712 \ N/m^2$

Find stress at surface where y = 0.34, $\mu = 0.9 N.s/m^2$

     c.   when y = 0, then du/dy = 0.68 – 2*0.34 = 0

     d.   $\tau = \mu \dfrac{du}{dy} = -0.9 * 0 = 0 \ N/m^2$

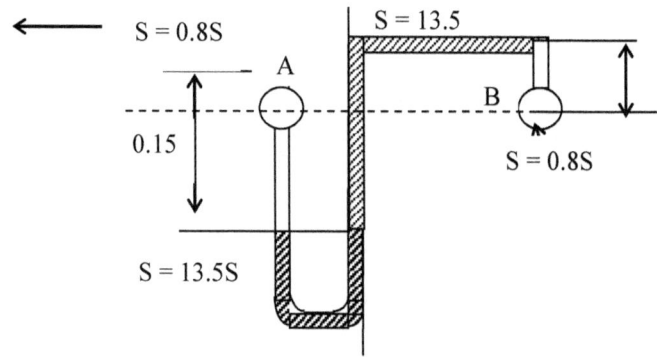

PA – PB = 69.7kpa : المعطيات (ب)

Write equation of manometer:

PA + (0.8*1000*9.81*0.15)–(13.5*1000*9.81*(0.15+x)) + 0.8*1000*9.81*x = PB

Then

69.7*1000 + 1.1772*1000 – 19.865*1000– 132.435*1000*x + 7.848*1000*x

x = 51.012*1000/(124.587*1000) = 0.41 m

# الفصل التاسع

# الانسياب في القنى المفتوحة (المكشوفة)

# Open channel flow

## 9-5 تمارين عامة

### 9-5-1 تمارين نظرية

1) عرف أنواع الدفق التالية: دفق مضطرب، ودفق صفحي، ودفق مثالي، ودفق غير منضغط.

**الحل:**

في الدفق المضطرب (الاضطرابي، ال مائر) تتحرك جزيئات المائع عشوائياً و خاضعة لتقلبات غير منتظمة، وتتغير السرعة باستمرار مقدارا واتجاها. وفيه رقم (عدد) رينولد أكبر من 4000 في الأنابيب، ويزيد عن 12500 في القني المكشوفة.

الدفق الصفحي (الصفائحي، الرقائقي، التطابقي، الطبقي) هو ذلك الدفق الذي تتناقص فيه الطاقة الحركية بسبب فعل لزوجة جزيئات السائل . وفيه رقم (عدد) رينولد يقل عن 2100 في الأنابيب.

الدفق المثالي عبارة عن تدفق غير منضغط وثنائي الأبعاد وغير دوراني وثابت وغير لزج.

الدفق غير المنضغط له كثافة ثابتة ويعبر عنه بالمعادلة:

2) ما الفرق بين الدفق المغلق والدفق المكشوف؟

**الحل:**

يتعلق الانسياب في القني المفتوحة (المكشوفة) بذلك الدفق للسائل في قناة channel أو أنبوب conduits غير ممتلئة تماماً بحيث أن يوجد سطح حر بين السائل المنساب والآخر أعلاه.

3) أين تستعمل المعادلات التالية: ماننج، وكتر، ودي جيزي؟

**الحل:**

| | ماننج | كتر | دي جيزي |
|---|---|---|---|
| الاستخدام | في الانسياب عبر القنوات المكشوفة والمجارير المفتوحة لسهولتها | لإيجاد معامل الاحتكاك (أو معامل دي جيزي) في أبحاث الأنهار والدفق المفتوح | في تصميم المجرور الصحي |

4) ميز بين الدفق البطيء والدفق السريع.

**الحل:**

1. دفق هادئ Tranquil or subcritical ويحدث عند الانسياب على سرعة قليلة حيث يمكن نقل اضطراب صغير أعلى اتجاه التيار يعمل على تغيير ظروف أعلى اتجاه التيار (رقم فرود أقل من الوحدة). الشيء الذي يعني أن الظروف أعلى الدفق تتأثر بظروف أدنى التيار، ويتم التحكم في الدفق بوساطة الظروف أدنى التيار.

174

2. الدفق السريع Shooting, rapid, supercritical عندما يحدث الانسياب على سرعات عالية بحيث أن الاضطرابات القليلة تنتج موجة ابتدائية أدنى التيار (ورقم فرود أكبر من الوحدة). وأي تغيرات صغيرة أدنى التيار لا تؤثر على تغيرات أعلى التيار مما يمكن معه التحكم في الدفق بالظروف أعلى التيار.

5) عرف الطاقة النوعية.

**الحل:**

الطاقة الكلية لوحدة الوزن للمائع عند أي مقطع لسائل يسري في قناة صغيرة الميل يقال له السمت الكلي Total Head وهو حاصل جمع سمت السرعة والضغط والارتفاع. وإذا أخذ سمت الارتفاع منسوباً لقاع القناة فيقال للسمت الكلي أو الطاقة الكلية الطاقة النوعية.

6) كيف يمكن تقدير مقطع القناة الهيدروليكي الأمثل لمقطع شبه منحرف؟ وأي مقطع أفضل لقني الري الزراعي؟ ولماذا؟

**الحل:**

انظر الفصل 9-3 المقطع الهيدروليكي الأفضل للقناة من الكتاب.

7) ما فوائد ومخاطر القفزة الهيدروليكية؟

**الحل:**

الفوائد:

✓ تقوم بتحويل الطاقة الحركية إلى طاقة وضع وفواقد أو لا انعكاسات.

✓ جهاز فعال جداً لإنشاء لا انعكاسيات وهذه عادة تستخدم في أطراف المجاري المائية والمساقط ، أو في أدنى منشآت الدفق الفوقي مثل قناة تصريف الفائض ، أو أدنى منشآت دفق بوابة التحكم للتخلص من طاقة الحركة في الدفق لتقليل مشاكل نحر أرضية القناة أو المجرى.

✓ فعالة في الدحروج مثلاً عند مزج الماء أو الفضلات السائلة في محطات المعالجة حيث يتم إضافة مواد كيميائية للدفق.

✓ من الطرق الفعالة لتشتيت الطاقة بالماء

✓ فعالة كأداة خلط لمادة ما مع الماء.

8) اشتق علاقة تربط العمق الحرج مع السرعة الحرجة لقناة ذات مقطع على شكل مثلث.

**الحل:**

(الإجابة: $V_c = \frac{\sqrt{g y_c}}{2}$).

انظر الفصل 9-4 الطاقة النوعية من الكتاب.

## 9-5-2 تمارين عملية

(1) ينساب مائع كثافته النسبية 0.8 ولزوجته 1.6×10 -5 متر مربع على الثانية خلال أنبوب قطره 8 سم بمعدل 0.4 لتر على الثانية. عين نوع الدفق (الإجابة: مضطرب)

**الحل:**

$$v = \frac{Q}{A} = \frac{0.4 \times 1000 \ cm^3 / s}{\frac{\pi}{4}(8)^2} = 7.96 \ m/s$$

$$Re = \frac{DV}{\nu} = \frac{8 \times 10^{-2} \times \frac{7.96}{100}}{1.6 \times 10^{-5}} = 397.9$$

إذا كان رقم رينولدز أقل من 2000 فالدفق صفحي، وعليه فإن هذا الدفق مضطرب

(2) مقطع مجرى مكشوف على شكل شبه منحرف عرضه السفلي 3 أمتار وميل جوانبه 1 للراسي و 1.5 للأفقي. بافتراض أن معامل الخشونة 0.025 وميل أرضية المجرى 1 في 1500 والعمق المتوسط للماء 0.9 متر، أوجد حجم معدل الدفق باستخدام معادلة دي جيزي (أوجد قيمة المعامل C من صيغة كتر)، وباستخدام معادلةماننج (الإجابة: 2.9 م$^3$/ث)

**الحل:**

عرض سطح الماء $B + 2\times 1.5h = D$

$$D = 3 + 2\times 1.5\times 0.9 = 5.7\ m$$

مساحة المقطع $A = \{(5.7+ 3)/2\ \}\times 0.9 = 3.915\ m^2$

المحيط المبتل $w_p = B + 2\sqrt{h^2 + 2.25h^2} = 3 + 2\times 0.9\sqrt{1 + 2.25} = 6.24\ m$

العمق المتوسط الهيدروليكي $m = A/w_p = 3.915/6.24 = 0.63\ m$

لدفق مستقر ومنتظم فإن ميل الطاقة الكلي I يساوي ميل أرضية المجرى $s = \frac{1}{1500}$

وباستخدام صيغة كتر

$$C = \frac{23 + \frac{0.00155}{I} + \frac{1}{n}}{23 + \frac{0.00155}{i}\, n / \sqrt{m}}$$

$$= \frac{23 + 0.00155 \times 1500 + \frac{1}{0.025}}{1 + \left[(23 + 0.00155 \times 1500)\times 0.025\ / \sqrt{0.63}\right]} = 36.3$$

وعليه فإن معدل الدفق

$$Q = CA\sqrt{mi} = 36.3 \times 3.915\sqrt{\frac{0.63}{1500}} = 2.9\,m^3/s$$

وباستخدام معادلةماننج فإن معدل الدفق

$$Q = A\frac{1}{n}R_h^{\frac{2}{3}}\,i^{\frac{1}{2}} = \frac{3.915}{0.025}(0.63)^{\frac{2}{3}}\left(\frac{1}{1500}\right)^{\frac{1}{2}} = \underline{\underline{2.9\,m}}^3/s$$

**(3) جد أفضل الأبعاد لمجرى مستطيل المقطع لحمل دفق منتظم مقداره 8 متر مكعب في الثانية؛ إذا كان المجرى مبطن بخرسانة غونيت gunite concrete[3] وموضوع بميل يساوي 0.0001 (الإجابة: 1.65م، 3.3م)**

**الحل:**

جد قيمة n لنوع gunite concrete: n = 0.019

$$w_p = B + 2y = 2y + 2y = 4y$$

[3] مِلاطرمليا سمنتييُلَيَّطبضاغطهوائي (أنظرمعجمالخطيب)

$$A = By = 2y.y = 2y^2$$

$$r_H = \frac{A}{w_p} = \frac{2y^2}{4y} = \frac{y}{2}$$

$$Q = A \frac{1}{n} r_H^{\frac{2}{3}} s^{\frac{1}{2}}$$

$$8 = 2y^2 \left(\frac{1}{0.019}\right) 2y^{\frac{2}{3}} (0.0001)^{\frac{1}{2}}$$

$$y^{\frac{8}{3}} = 3.8$$

ومنها يمكن إيجاد y لتساوي

$$y = 1.65 \text{ m}$$
$$B = 2y = 2 \times 1.65 = 3.3 \text{ m}$$

(4) مجرى شبه منحرف عرض أسفله B وعمق الدفق في وسطه h وميل جدرانه الجانبية 1 في m. استخدم هذا المجرى لنقل ماء. أثبت أن عرض المجرى يعطي بالمعادلة التالية لأقصى دفق عبر مساحة الدفق: $B = 2h\left(\sqrt{m^2 + 1} - m\right)$

## الحل:

من معادلة ماننج

$$v = (1/n)r_H^{2/3}S^{1/2}$$
$$Q = Av = A*(1/n)r_H^{2/3}S^{1/2}$$
$$r_H = A/w_p$$
$$Q = A*(1/n)(A/w_p)^{2/3}S^{1/2}$$
$$(A)^{5/3} = nQ(w_p)^{2/3}/S^{1/2}$$
$$A = k(w_p)^{2/5}$$
$$w_p = 2h\sqrt{1 + m^2} + B \qquad (1)$$
$$A = (h/2)(B + B + 2mh) = h(B + mh) \qquad (2)$$
from eqn. 1: $B = w_p - 2h\sqrt{1 + m^2}$
Thus, $A = [(w_p - 2h\sqrt{1 + m^2}) + mh]h$
$$[(w_p - 2h\sqrt{1 + m^2}) + mh]h = k(w_p)^{2/5}$$

وبالمفاضلة بالنسبة إلى h

$$[(dw_p/dh + m - 2\sqrt{1 + m^2})]h + (w_p + mh - 2h\sqrt{1 + m^2}) = (2/5)k(w_p)^{-3/5} \cdot dw_p/dh$$

ولأفضل مقطع:

$dw_p /dh = 0$
$(m - 2\surd(1 + m^2)h + (w_p + mh - 2h\surd(1 + m^2) = 0$
$2mh - 2h\surd(1 + m^2) + B = 0$
Hence, $B = 2h(-m + \surd(1 + m^2))$

(5) ينساب ماء خلال أنبوب دائري قطره D لعمق y كما موضح على الشكل التالي:

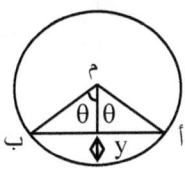

والأنبوب موضوع على ميل ثابت s ومعامل خشونةماننج n. أوجد العمق الذي يحدث فيه أقصى معدل دفق. وأثبت أنه بالنسبة لمعدلات دفق معينة هناك احتمال لعمقين لنفس معدل الدفق. اشرح هذا السلوك . (الإجابة: 0.95D)

**الحل:**

إذا عمل السطح الحر زاوية2θ مع المركز O لأي عمق Z فمساحة الدفق

Area of flow, A = sector OSTU - triangle OSU = $(1/2)r^2(2\theta) - r^2\sin\theta\cos\theta = r^2(q - 1/2\sin2\theta)$

والمحيط المبتل $wp = 2r\theta$

For maximum velocity,للسرعة القصوى

$d(A/wp)/d\theta = (1/wp^2)(wp dA/d\theta - A dwp/d\theta)$
or, $wp.dA/d\theta = A dwp/d\theta$
Substituting for wp, A, $dA/d\theta$ and $dwp/d\theta$
$2r\theta.r^2(1 - \cos2\theta) = r^2(\theta - 1/2\sin2\theta)2r$
$\theta(1 - \cos2\theta) = (\theta - 1/2\sin2\theta)$
$2\theta = \tan2\theta$
giving, $2\theta = 257.5$
Depth of flow, $Z = r - r\cos\theta = r(1 + 0.62) = 1.62r = 0.81$*pipe diameter

ولأقصى دفق تعتمد النتيجة على اختيار صيغة المقاومة وباستخدام صيغة جيزي

Discharge, $Q = Acm^{1/2}i^{1/2} = AC(A/wp)^{1/2}i^{1/2} = C(A^3/wp)^{1/2}i^{1/2}$
For given values of C and I, the discharge Q will be a maximum when $(A^3/wp)$ is a maximum. Differentiating w.r.t. θ and equating to zero.
$d(A^3/wp)d\theta = (1/wp^2)(3wpA^2dA/d\theta - A^3dwp/d\theta) = 0$
$3wpdA/d\theta - Adwp/d\theta = 0$

Substituting for wp, A, dA/d θ and dwp/d θ,

$3*2r\ \theta*\ r^2\ (1 - \cos 2\ \theta) = r^2\ (\theta - 1/2\ \sin 2\ \theta)2r = 0$

Dividing by $r^3$ and simplifying,

$4\ \theta - 6\theta\cos 2\theta + \sin 2\ \theta = 0$

from which,

$2\ \theta = 308°$, or $\theta = 154° = 2.68$ rad

Depth of maximum discharge, $Z = r\ (1 - \cos 2\ \theta) = r(1 + 0.9) = 0.95*$pipe diameter

Since any slight increase in depth will cause a reduction in the volume rate of flow that the channel can carry, it is usual to design on the assumption that the section will run full.

Hydraulic mean depth for maximum discharge, $m_1 = r^2(2.68*1/2\ \sin 308)/2r*2.68$
$= 0.574r$

Hydraulic mean depth running full, $m_2 = 0.5r$

Discharge running full/maximum discharge $= (m_1/\ m_2)^{1/2} = (0.5/0.574)^{1/2}$

Discharge running full $= 0.933*$maximum discharge

(6) ينساب ماء في قناة مكشوفة على عمق 1.5 متراً بسرعة 2 م/ث. ثم ينساب عبر قناة تصريف chute في قناة أخرى حيث العمق 1 م والسرعة 6 م/ث. بافتراض أن الدفق غير احتكاكي أوجد الفرق في الارتفاع بين مستوى القناة.

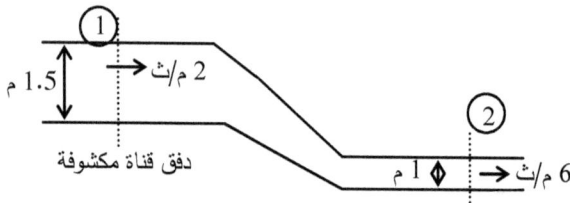

**الحل:**

بافتراض انتظام في السرعة عبر القناة وضغط هيدروستاتيكي وباستخدام معادلة برنولي:

$$\frac{v_1^2}{2g} + \frac{P_1}{\gamma} + Z_1 = \frac{v_2^2}{2g} + \frac{P_2}{\gamma} + Z_2$$

$z_1 = y + 1.5$, $z_2 = 1$, $v_1 = 2$ m/s, $v_2 = 6$ m/s, $P_1 = P_2 = 0$

$$\frac{2^2}{2 \times 9.81} + 0 + y + 1.5 = \frac{6^2}{2 \times 9.81} + 0 + 1$$

$y = 1.13$ m

(7) ينساب ماء خلال مجرى أفقي مكشوف لعمق 0.4 متر بمعدل دفق 2.8 متر مكعب في الثانية لكل متر عرضي. إذا كان هناك إمكانية حدوث قفزة هيدروليكية، أوجد العمق الصحيح أدنى المجرى من القفزة، وكمية الطاقة المبددة عنده. (الإجابة: 0.88 م، 41.2 كيلو وات)

الحل:

$$\frac{y_2}{y_1} = \frac{1}{2}\left( -1 + \sqrt{1 + 8\, Fr_1^2} \right)$$

$v_1 = q_1/y_1 = 2.8/0.4 = 7 \text{ m/s}$

$$Fr_1 = \frac{v_1}{\sqrt{gy_1}} = \frac{7}{\sqrt{9.81 \times 0.4}} = 3.53$$

$$y_2 = \frac{0.4}{2}\left( -1 + \sqrt{1 + 8 \times 3.53} \right) = 0.882 \ m$$

$v_2 = q_2/y_2 = 2.8/0.882 \text{ m}^3/\text{s/m} = 3.174 \text{ m/s}$

$$h_2 = y_1 + \frac{v_1^2}{2g} - y_2 - \frac{v_2^2}{2g} = 0.4 + \frac{7^2}{2 \times 9.81} - 0.882 - \frac{3.174^2}{2 \times 9.81} = \underline{\underline{1.5\, m}}$$

الطاقة المبددة لكل متر عرض للمجرى

$P = \gamma Q h_L = 9.81 \times 1000 \times 2.8 \times 1.5 = 41.2 \text{ kW}$

والتي تشير إلى أن القفزة الهيدروليكية أفضل مبدد للطاقة، وتستخدم بكثرة لهذا الغرض في التصاميم الهندسية.

(8) تحدث قفز هيدروليكية أدنى الانسياب من بوابة تحكم عرضها 12 متر، العمق 1.2 متر والسرعة 15 متر على الثانية. أوجد

• رقم رينولدز المناظر للعمق المقترن،

• العمق والسرعة بعد القفزة

• الطاقة المبددة بالقفزة (الإجابة: 0.37، 8.8 م، 3.4 م/ث، 36.7 مجا وات)

الحل:

$$Fr_1 = \frac{v_1}{\sqrt{gy_1}} = \frac{12}{\sqrt{9.81 \times 1.2}} = 3.5$$

$$Fr_2 = \frac{2\sqrt{2} \times 3.5}{\left(\sqrt{1 + 8 \times 3.5^2} - 1\right)^{\frac{3}{2}}} = \underline{\underline{0.37}}$$

$$Fr_2 = \frac{v_2}{\sqrt{gy_2}} \qquad\qquad v_2\,y_2 = v_1\,y_1 = 1.2 \times 15 = 30 \ \text{m}^2/\text{s}$$

$$y_2 = \frac{v_1\,y_1}{v_2} = \frac{30}{3.43} = 8.8 \ m$$

$$v_2^2 = Fr_2^2\,gy_2 = Fr_2^2\,g \times \frac{30}{\sqrt{2}}$$

$$v_2 = \left[ Fr_2^2 \times 9.81 \times 30 \right]^{\frac{1}{3}} = \underline{\underline{3.43 \ m/s}}$$

فقد السمت خلال القفزة

$$h_2 = \frac{\left(y_2 - y_1\right)^3}{4\,y_1\,y_2} = \frac{\left(8.8 - 1.2\right)^3}{4 \times 1.2 \times 8.8} = 10.39$$

الطاقة المبددة

$$p = \gamma Q h_L = 9.81 \times 1000 \times 10.39 \times 30 \times 12 = 36.7 \ \text{MW}$$

(9) قناة مستطيلة عرضها 6 أقدام؛ إذا كان العمق 3 أقدام والتدفق 160 قدم$^3$/ث، احسب المسافة حتى النقطة التي يكون فيها العمق 3.2 قدم؛ ميل القناة 0.002، وقيمة n = 0.012. (الإجابة: المسافة = 73 قدم).

**الحل:**

1) المعطيات: Sb = 0.002، b = 6ft، y = 3.2ft، Q = 160 ft$^3$/s، n = 0.012

2) استخدم معادلة مماننج لإيجاد العمق المنتظم

$$V = \frac{1.49}{n}\left(\frac{A}{P}\right)^{2/3} S_c^{\frac{1}{2}}$$

$$V = \frac{Q}{A}$$

$$Q = \frac{1.49}{n} Rh^{23} S^{12} A$$

$$Q = \frac{1.49}{n} \mathrm{Rh}^{2/3}\sqrt{s}A$$

$$160 = \frac{1.49}{0.012}\left(\frac{6y_n}{6+2y_n}\right)^{2/3} \sqrt{0.002} * 6 * y_n$$

بمحاولة التجربة والخطأ من هذه العلاقة يمكن ايجاد $y_n$

أو يمكن ايجاد قيمة $y_n$باستخدام برامج حاسوبية مثل: wolframalpha[4] بعد وضع العلاقة في الصورة الفرية على النحو التالي:

160 – (1.49/0.012)*(6*y/(6+y))^(2/3)*0.002^0.5*6*y = 0

ومنها:

$y_n$ = 3.012 ft

ويحسب العمق الحرج من العلاقةلمنحنى M – 1

$$y_c = \left(\frac{q^2}{g}\right)^{\frac{1}{3}}$$

$$q = \frac{Q}{b} = \frac{160}{6} = 26.7$$

[4] https://www.wolframalpha.com/input/?i=160+%E2%80%93+(1.49%2F0.012)*(6*y%2F(6%2By))%5E(2%2F3)*0.002%5E0.5*6*y+%3D+0

$$y_c = \left(\frac{q^2}{g}\right)^{\frac{1}{3}} = \left(\frac{26.7^2}{32.174}\right)^{\frac{1}{3}} = 2.81 \text{ ft}$$

ومن ثم فللمسافة المطلوبة

$y = 3.2 > y_n = 3.012 > y_c = 2.81$

وعليه يكون منحنى الهاء هو من نوع 1 – M

(10) ترعة مفتوحة مقطعها كما مبين بالشكل. تصرف الماء في الترعة Q يساوي 20 م³/ثانية والسرعة المتوسطة في مقطع الجريان v تعادل 0.5 م/ثانية ومعامل ماننج 0.025. احسب ابعاد المقطع ( b و y) والميل الطولي للقاع بحيث يكون جريان الماء في الترعة منتظماً ومقطع الجريان هو الافضل هيدروليكياً. احسب جهد القص المتوسط على طول المحيط المبتل. (الاجابة: 5.73 م، 4.42 م، 5.42 سم/كلم، 1.18 نيوتن/م²)

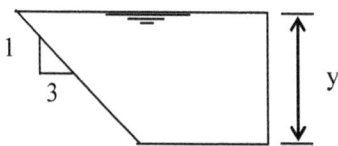

الحل

المساحة: $A = Q/V = 20 \div 0.5 = 40 \text{ m}^2$

للأفضل اقتصادياً أو هيدروليكياً $\underline{P} = \underline{P}_{min}$

$\underline{P} = b + 2.8y$        $A = by + (1.5y^2 \div 2)$

$$b = \frac{A}{y} - 0.75 \; y = \frac{40}{y} - 0.75 \; y$$

$$\underline{P} = \frac{40}{y} - 0.75 \; y + 2.8 \; y = \frac{40}{y} + 2.05 \; y$$

$$\frac{dP}{dy} = - \frac{40}{y^2} + 2.05 = Zero$$

$$y^2 = \frac{40}{2.05}; \qquad y = \underline{4.42} \; m$$

$$b = 5.73 \; m$$

الميل الطولي:-

$$A = 40 \; m^2, \qquad \underline{P} = 18.11 \; m, \qquad R = A \div \underline{P} = 2.21 \; m$$

$$V = \frac{1}{n} R^{\frac{2}{3}} S^{\frac{1}{2}} = 0.5 = \frac{1}{0.025} \times 2.21^{0.67} S^{\frac{1}{2}}$$

$$\underline{\underline{S = 5.42 \; cm \; / \; kilo}}$$

جهد القص:  $\tau = \rho \, g R S = 10^3 \times 9.81 \times 2.21 \times 5.42 \times 10^{-5} = \underline{1.175} \; N \, / \, m^2$

# الفصل العاشر

# الطبقة الجدارية Boundry Layer

## 10-7 تمارين عامة

### 10-7-1 تمارين نظرية

1) ما المقصود بالطبقة الحدية؟ وما فوائد تقديرها؟

**الحل:**

تمثل الطبقة الحدية طبقة من السائل تتكون مجاورة لحدود سطح صلب كجدران الوعاء الحاوي له ، وتتأثر هذه الطبقة باللزوجة وبطبيعة الجريان وتتميز بتغير كبير في توزع سرعة السائل.

فوائد تقديرها : للإبقاء على المقاومة التي يتعرض لها الجسم صغيرة والتحكم في ا لضغط والكثافة ودرجة الحرارة عند الضرورة لبعض النظم الهندسية.

2) ميز بين معامل الجذب $C_f$ ومعامل الإحتكاك f

**الحل:**

قيم معامل الخشونة للجذب ( Drag Coefficient) تقع بين خطوط الطبقة الجدارية الطبقية والطبقة الجدارية المضطربة حسب نتائج التجارب المعملية تاركة خط الطبقة الجدارية الطبقية فجأة وتقترب من خط الطبقة الجدارية المضطربة وتلامسه.

معامل مقاومة الإحتكاك ($C_f$) للسريان الطبقي البطئ (Laminar) يعتمد على .ReN

3) ما علاقة توزيع الضغط وتوزيع السرعة مع خطوط السريان؟

الحل:

يحيط السائل بالأجسام المغمورة احاطة تامة لتنساب التدفقات الخارجية. ومشكلة مثل هذا الدفق تتجلى في محيط الجسم المتاخم لسطحه، حيث أن اللزوجة هي الغالبة، وحيث تنشأ قوى الاحتكاك. كما وتهمل اللزوجة خارج الطبقة الحدودية، ولكن تتأثر السرعات والضغوط بالوجود الفعلي للجسم بالاضافة للطبقة الحدودية المرتبطة به      . قد تكون منطقة الطبقة الحدودية رقيقة جدا (بضع أجزاء في المائة من المليمتر) غير أن السرعة في داخلها تزيد باستمرار دون ارتفاع مفاجئ فيها، لينتج دفق لا دوراني خارج طبقة الحدود وآخر دوراني في داخلها. في بدء الطبقة الحدودية يكون الدفق صفحي تماما، وعندما يزيد سمك الطبقة يجنح الدفق إلى الاضطراب على المنطقة الانتقالية وصولا إليها.

4) لماذا في رأيك تكون الطبقة الجدارية في المواسير $2\delta$؟

الحل:

لتوزيع السرعة الخطي . كما وأن سمك الطبقة الحدودية $\delta=$المسافة من الجدار إلى النقطة التي تكون فيها السرعة تقارب $0.99$ من قيمة سرعة الدفق الرئيس          $u = 0.99$ $u_{mainstream}$.حيث تزيد إلى أقصى حد للدفق المتطور بشكل كامل Fully developed flow.

## 2-7-10 تمارين عملية

1) اذا كانت u تتغير كما في المثال 10-3 برهن أن: $\int_0^1 \frac{u}{U}\left(1-\frac{u}{U}\right)\frac{\delta y}{\delta} = 0.117$

أوجد الجذب الناتج في طبقة جدارية عرضها 1.0 م وسمكها 10 مم. (الإجابة: (عوض قيم $\frac{u}{U}$ في المعادلة) 1.17 نيوتن ).

### الحل:

عوّض قيمة

$$\frac{u}{U} = 2\left(\frac{y}{\delta}\right) - 2\left(\frac{y}{\delta}\right)^3 + \left(\frac{y}{\delta}\right)^4$$

$$\therefore \frac{u}{U}\left(1-\frac{u}{U}\right) = \left[2\left(\frac{y}{\delta}\right) - 2\left(\frac{y}{\delta}\right)^3 + \left(\frac{y}{\delta}\right)^4\right] - \left[2\left(\frac{y}{\delta}\right) - 2\left(\frac{y}{\delta}\right)^3 + \left(\frac{y}{\delta}\right)^4\right]^2$$

$$= 2\left(\frac{y}{\delta}\right) - 2\left(\frac{y}{\delta}\right)^3 + \left(\frac{y}{\delta}\right)^4 - \left[4\left(\frac{y}{\delta}\right)^2 - 4\left(\frac{y}{\delta}\right)^4 + 2\left(\frac{y}{\delta}\right)^5 - 4\left(\frac{y}{\delta}\right)^4 \right.$$

$$\left. + 4\left(\frac{y}{\delta}\right)^6 - 2\left(\frac{y}{\delta}\right)^7 + 2\left(\frac{y}{\delta}\right)^5 - 2\left(\frac{y}{\delta}\right)^7 + \left(\frac{y}{\delta}\right)^8\right]$$

$$= 2\left(\frac{y}{\delta}\right) - 4\left(\frac{y}{\delta}\right)^2 - 2\left(\frac{y}{\delta}\right)^3 + 9\left(\frac{y}{\delta}\right)^4 - 4\left(\frac{y}{\delta}\right)^5$$

$$- 4\left(\frac{y}{\delta}\right)^6 + 4\left(\frac{y}{\delta}\right)^7 - \left(\frac{y}{\delta}\right)^8$$

بإجراء التكامل وتعويض الحدود

$$= \left[ \frac{2}{2}\left(\frac{y}{\delta}\right)^2 - \frac{4}{3}\left(\frac{y}{\delta}\right)^3 - \frac{2}{4}\left(\frac{y}{\delta}\right)^4 + \frac{9}{5}\left(\frac{y}{\delta}\right)^5 - \frac{4}{6}\left(\frac{y}{\delta}\right)^6 - \frac{4}{7}\left(\frac{y}{\delta}\right)^7 + \frac{4}{8}\left(\frac{y}{\delta}\right)^8 - \frac{1}{9}\left(\frac{y}{\delta}\right)^9 \right]_0^1$$

$$= 1 - \frac{4}{3} - \frac{1}{2} + \frac{9}{5} - \frac{2}{3} - \frac{4}{7} + \frac{1}{2} - \frac{1}{9}$$

$$= \frac{1890 - 2520 - 945 + 3402 - 1260 - 1080 + 995 - 210}{1890}$$

$$= \frac{222}{189} = 0.117$$

وهو المطلوب

قوة الجذب المطلوبة

$$D = \rho\delta U^2 b \int_0^1 \frac{u}{U}\left(1 - \frac{u}{U}\right)\frac{\delta y}{\delta}$$

بالتعويض

U = 100 cm/sec = 1m/sec , b = 1.0 m

$D = 10^3 \times 0.01 \times 1^2 \times 1 \times 0.117 = 1.17$ N

2) عرف الطبقة الجدارية وباستعمال قانون نيوتن الثاني برهن أن قوى الجذب D لوحدة العرض للوح خشب موضوع في مجرى له سرعة u هي $D = 2\rho \int_{y=0}^{y=\delta} (U - u) u\, \delta y$.

احسب:

- قوة الجذب لوحدة العرض للوح
- معامل الإحتكاك للجذب $C_f$.
- سمك الإزاحة
- سمك كمية الحركة

عندما تكون U = 20 سم/ث خلف اللوح، μ= 0.01 جم/سم×ث وتوزيع السرعة بالمعادلة $\frac{u}{U} = 2\frac{y}{\delta} - \left(\frac{y}{\delta}\right)^2$. (الإجابة: معدل تغيير كمية الحركة $= \rho u dy \delta V$ ، $\partial D = \frac{\partial mV}{\partial t}$ أ) D = 0.128 نيوتن/م عرضي، ب) $C_f = 3.33\times10^{-3}$ ، $\delta^* = 4$ ملم، $\delta^{**} = 1.6$ ملم)

## الحل:

التعريف كما موضح بالنص

من قانون نيوتن الثاني

معدل تغيير كمية الحركة

$$\partial D = \frac{\partial mV}{\partial t} = \rho u dy\ \partial V = \rho u dy\ (U - u) = \rho v (V - v) dy$$

لجانب واحد

$$\therefore D = \int_0^\delta \rho u (U - u) dy = \rho \int_0^\delta u (U - u) dy$$

لجانبين

$$D = 2\rho \int_0^\delta u (U - u) dy$$

$$D = 2\rho\delta \int_0^1 U^2 \frac{u}{U}\left(1 - \frac{u}{U}\right)\frac{\delta y}{\delta} = 2\rho U^2 \delta \int_0^1 \frac{u}{U}\left(1 - \frac{u}{U}\right)\frac{\delta y}{\delta}$$

عوّض لـ

$$\frac{u}{U} = 2\,\frac{y}{\delta} - \left(\frac{y}{\delta}\right)^2$$

$$D = 2\,\rho\,U^2\,\delta \int_0^1 \left[ 2\left(\frac{y}{\delta}\right) - \left(\frac{y}{\delta}\right)^2 \right]\left[ 1 - 2\left(\frac{y}{\delta}\right) + \left(\frac{y}{\delta}\right)^2 \right]\frac{\delta y}{\delta}$$

$$= 2\,\rho\,U^2\,\delta \int_0^1 \left[ 2\left(\frac{y}{\delta}\right) - 4\left(\frac{y}{\delta}\right)^2 + 2\left(\frac{y}{\delta}\right)^3 - \left(\frac{y}{\delta}\right)^2 + 2\left(\frac{y}{\delta}\right)^3 - \left(\frac{y}{\delta}\right)^4 \right]\frac{\delta y}{\delta}$$

$$= 2\,\rho\,U^2\,\delta \int_0^1 \left[ 2\,\frac{y}{\delta} - 5\left(\frac{y}{\delta}\right)^2 + 4\left(\frac{y}{\delta}\right)^3 - \left(\frac{y}{\delta}\right)^4 \right]\frac{\delta y}{\delta}$$

$$= 2\,\rho\,U^2\,\delta \left[ \frac{2}{2}\left(\frac{y}{\delta}\right)^2 - \frac{5}{3}\left(\frac{y}{\delta}\right)^3 + \frac{4}{4}\left(\frac{y}{\delta}\right)^4 - \frac{1}{5}\left(\frac{y}{\delta}\right)^5 \right]_0^1$$

$$= 2\,\rho\,U^2\,\delta \left[ 1 - \frac{5}{3} + 1 - \frac{1}{5} \right]$$

$$= 2\,\rho\,U^2\,\delta \left[ \frac{15 - 25 + 15 - 3}{15} \right] = \frac{2}{15} \times 2\,\rho\,U^2\,\delta$$

$$\therefore\ D = \frac{4}{15}\rho\,U^2\,\delta$$

بتعويض

$$\rho = 10^3 \text{ kg/m}^3 \text{ , } U = 20 \text{ cm/sec} = 0.2 \text{ m/sec , } \delta = 1.2 \text{ cm} = 0.012 \text{ m}$$

$$D = \frac{4}{15} \times 10^3 \times 0.2^2 \times 0.012 = 0.128 \text{ N/m width}$$

بالنسبة لجانب واحد و $b = 1$

$$C_f = \frac{b \int \tau_o\, dx}{\frac{1}{2}\rho\,U^2\,A} = \frac{D}{\frac{1}{2}\rho\,U^2\,A} = \frac{D/2}{\frac{1}{2}\rho\,U^2\,A}$$

$$\int_0^x \tau_o\, dx = \frac{0.128 \big/ 2}{\frac{1}{2}\rho\,U^2\,A} = \frac{0.064}{\frac{1}{2} \times 10^3 \times 0.2^2 \times 1} = \frac{\frac{2}{15}\rho\,U\,\delta}{\frac{1}{2}\rho\,U^2\,x}$$

$C_f = 0.32 \times 10^{-2}$

كذلك

$$\tau_o = \frac{2\mu U}{\delta}$$

$$\int_0^x \tau_o \, dx = \int_0^x \frac{2\mu U}{\delta} dx = D = \frac{2}{15}\rho U^2 \delta \qquad \text{(جانب واحد)}$$

$$\therefore \int_0^x \frac{2\mu U}{\delta} dx = 0.133 \rho U^2 \delta$$

بإجراء التفاضل بالنسبة لـ x

$$\frac{2\mu U}{\delta} = \frac{d}{dx}\left[\frac{2}{15}\rho U^2 \delta\right] = \frac{2}{15}\rho U^2 \frac{d\delta}{dx}$$

$$\therefore \frac{15\mu}{\rho U} = \frac{\delta d\delta}{dx} = \frac{d\,\delta^2/2}{dx}$$

بإجراء التكامل

$$\int_0^x \frac{15\mu}{\rho U} dx = \frac{\delta^2}{2} = \frac{15\mu}{\rho U} x$$

$$\delta^2 = \frac{30\mu x}{\rho U}$$

$$\therefore x = \frac{\rho U \delta^2}{30\mu}$$

بتعويض

$$\mu = 0.01\, gr / cm \sec = \frac{0.01 \times 100}{10^3} = 0.001 \frac{kg}{m \sec}$$

بما أن $2/15 = 0.133$

$$C_f = \frac{0.133\, U^2 \delta}{\frac{1}{2}\rho U^2 \left(\frac{\rho U \delta^2}{30\mu}\right)} = \frac{60\mu \times 0.133}{\rho U \delta}$$

$$C_f = \frac{60 \times 0.001 \times 0.133}{10^3 \times 0.2 \times 0.012} = 0.00333$$

$$\therefore C_f = 0.333 \times 10^{-2}$$

سمك الإزاحة

$$\frac{\delta^*}{\delta} = \int_0^\delta \left(1 - \frac{u}{U}\right) dy = \int_0^1 \left(1 - \frac{u}{U}\right) \frac{\delta y}{\delta}$$

$$\frac{\delta^*}{\delta} = \int_0^1 \left[1 - 2\frac{y}{\delta} + \left(\frac{y}{\delta}\right)^2\right] \frac{\delta y}{\delta} = \left[1 - \frac{2}{2}\left(\frac{y}{\delta}\right)^2 + \frac{1}{3}\left(\frac{y}{\delta}\right)^3\right]_0^1$$

$$\therefore \frac{\delta^*}{\delta} = \left[1 - 1 + \frac{1}{3}\right] = \frac{1}{3}$$

$$\therefore \delta^* = \frac{0.012}{3} = 0.004 \ m = 4 \ mm$$

سمك كمية الحركة (كما في السابق)

$$\frac{\delta^{**}}{\delta} = \int_0^1 \frac{u}{U}\left(1 - \frac{u}{U}\right)\frac{\delta y}{\delta} = \frac{2}{15}$$

$$\therefore \delta^{**} = \frac{2 \times 0.012}{15} = 0.0016 \ m = 1.6 \ mm$$

3) عرّف سمك الإزاحة وسمك كمية الحركة وبرهن أن سمك الطبقة الجدارية المضطربة يعبّر عنه بالمعادلة $\frac{\delta}{x} = 0.38\left(\frac{\nu}{Ux}\right)^{\frac{1}{5}}$ لمسافة x من المقدمة. اذا عبر عن السرعة بالمعادلة $\frac{u}{U} = \left(\frac{y}{\delta}\right)^{\frac{1}{7}}$ قدّر قوة الجذب على مسافة x من المقدمة. (الإجابة:

$\left(D = \frac{0.037}{(\text{Re}\ x)^{0.2}}\rho U^2 x\right.$

## الحل:

الأجزاء الخاصة بالبرهان موجودة بالنص حتى المعادلة

$$\frac{\delta}{x} = 0.38\left(\frac{\nu}{ux}\right)^{1/5}$$

حل الجزء الباقي كما يلي

من المعادلة أعلاه

$$\frac{\delta}{x} = \frac{0.38}{(\text{Re}\ x)^{0.2}}$$

قوة الجذب D على مسافة x من المقدمة

$$D = \rho U^2 \delta^{**} = \frac{7}{72} \times \frac{0.38}{(\text{Re}\ x)^{0.2}} x \times \rho U^2$$

$$D = \frac{0.37\ \rho U^2 x}{(\text{Re}\ x)^{0.2}}$$

4)  تجري مياه بسرعة  20 سم/ث مارة على لوح طوله  1.0 م وعرضه  30 سم. الطبقة الجدارية سمكها 1.2 سم عند الخلف.احسب سمك الإزاحة وكذلك قوة الجذب الكلي للوح بافتراض أن السرعة يعبّر عنها بالمعادلة  $\dfrac{u}{U} = 2\left(\dfrac{y}{\delta}\right) - \left(\dfrac{y}{\delta}\right)^2$ . (الإجابة:

0.0192 نيوتن، 4 ملم)

الحل:

سمك الإزاحة

$$\frac{\delta^*}{\delta} = \int_0^1 \left(1 - \frac{u}{U}\right)\frac{\delta y}{\delta}$$

$$= \int_0^1 \left(1 - \frac{y}{\delta}\right)^2 \frac{\delta y}{\delta} = \int_0^1 \left[1 - 2\left(\frac{y}{\delta}\right) + \left(\frac{y}{\delta}\right)^2\right]\frac{\delta y}{\delta}$$

$$= \left[\frac{y}{\delta} - \frac{2}{2}\left(\frac{y}{\delta}\right)^2 + \frac{1}{3}\left(\frac{y}{\delta}\right)^3\right]_0^1 = 1 - 1 + \frac{1}{3} = \frac{1}{3}$$

∴ سمك الإزاحة

$$\delta^* = \frac{1.2}{3} = 0.4\,cm = 4\,mm$$

$$D = \rho U^2 \delta^{**}$$

$$\frac{\delta^{**}}{\delta} = \int_0^1 \frac{u}{U}\left(1 - \frac{u}{U}\right)\frac{\delta y}{\delta} = \int_0^1 \left[2\left(\frac{y}{\delta}\right) - \left(\frac{y}{\delta}\right)^2\right]\left(1 - \frac{y}{\delta}\right)^2 \frac{\delta y}{\delta}$$

$$= \int_0^1 \left[2\left(\frac{y}{\delta}\right) - \left(\frac{y}{\delta}\right)^2\right]\left(1 - 2\frac{y}{\delta} + \left(\frac{y}{\delta}\right)^2\right)\frac{\delta y}{\delta}$$

$$\therefore \frac{\delta^{**}}{\delta} = \int_0^1 \left[2\frac{y}{\delta} - 4\left(\frac{y}{\delta}\right)^2 + 2\left(\frac{y}{\delta}\right)^3 - \left(\frac{y}{\delta}\right)^2 + 2\left(\frac{y}{\delta}\right)^3 - \left(\frac{y}{\delta}\right)^4\right]\frac{\delta y}{\delta}$$

$$\frac{\delta^{**}}{\delta} = \int_0^1 \left[ 2\,\frac{y}{\delta} - 5\left(\frac{y}{\delta}\right)^2 + 4\left(\frac{y}{\delta}\right)^3 - \left(\frac{y}{\delta}\right)^4 \right] \frac{\delta y}{\delta}$$

$$\frac{\delta^{**}}{\delta} = \left[ \frac{2}{2}\left(\frac{y}{\delta}\right)^2 - \frac{5}{3}\left(\frac{y}{\delta}\right)^3 + \frac{4}{4}\left(\frac{y}{\delta}\right)^4 - \frac{1}{5}\left(\frac{y}{\delta}\right)^5 \right]_0^1$$

$$= 1 - \frac{5}{3} + 1 - \frac{1}{5} = \frac{15 - 25 + 15 - 3}{15} = \frac{2}{15}$$

$$\therefore \delta^{**} = \frac{2}{5}\delta = \frac{2}{15} \times 1.2$$

$$D = \rho U^2 \times \frac{2}{15}\delta = \frac{10^3 \times 0.2^2 \times 2 \times 0.012}{15}$$

D = 0.064 N/m width

الجذب الكلي

Total Drag = 0.064bL = 0.064 × 0.3 × 1

$D_{Total}$ = 0.0192 N

5) لوح طوله 1.0م وعرضه 30 سم تم جره في ماء ساكن. تم جذب جزء من الماء في مقدمة اللوح. سمك الطبقة الجدارية 1.2 سم في مؤخرة اللوح وفيها الحركة. أحسب السمك الإزاحي وحدد كمية السريان المتحركة في نهاية مؤخرة اللوح.

| $\dfrac{y}{\delta}$ | $\dfrac{u}{U}$ | $\dfrac{y}{\delta}$ | $\dfrac{u}{U}$ |
|------|------|------|------|
| 0 | 1.00 | 0.8 | 0.044 |
| 0.2 | 0.67 | 1.0 | 0.008 |
| 0.4 | 0.37 | 1.2 | 0.000 |
| 0.6 | 0.54 | | |

(الإجابة: ترسم في مخطط بياني وتحسب المساحة تحت المنحنى ومنها $\delta^* = 0.42$ سم، $= 468$ سم$^3$/ث) $=$

## الحل:

$$U\delta^* = \delta \int\limits_0^1 (U - u)\delta y$$

$$\frac{\delta^*}{\delta} = \int\limits_0^1 \left(1 - \frac{u}{U}\right)\frac{\delta y}{\delta}$$

أنظر الرسم البياني المرفق

من الرسم، المساحة تحت المنحنى تساوي

$0.1 \times 0.1 \times 35 = 0.35$

$\therefore \dfrac{\delta^*}{\delta} = 0.35$

$\therefore \delta^* = 0.35 \times 1.2 = 0.42$ cms

كمية السريان الكلية للخلف عند نهاية اللوح

$Q = (1 - 0.35)U\delta b = 0.65 \times 20 \times 1.2 \times 30 = 468$ cm$^3$/sec

**6)** لوح مستو رقيق وضع موازي لانسياب مائي 5 متر في الثانية على درجة حرارة 20 درجة مئوية. أوجد المسافة من الطرف الأمامي (القائد) التي تبعد عنها طبقة حدية سمكها 2 سم (الإجابة: 1.2 م)

## الحل:

المعطيات:     $v = 5 \text{ m/s}$          $T = 20°C$          $\delta = 2cm$

للماء على درجة حرارة 20° مئوية $v = 1.004 \times 10^{-6} \text{ m}^2/\text{s}$

وبما أن Re غير معلوم عليه نستخدم معادلة دفق اللوح المستوي

$$\frac{U_m}{v} = 5 \, m/s / 1.004 \times 10^{-6} = 4.98 \times 10^{6} \, m^{-1}$$

وافترض معادلة دفق صفحي لسمك $\delta = 2$ سم

$$\frac{\delta}{x} = \frac{5}{Re} = \frac{5}{\sqrt{\dfrac{U_m x}{v}}}$$

$$x = \left( \delta^2 \frac{U_m}{v} \right) / 4^2 = \left( \frac{2}{100} \right)^2 \times 4.98 \times 10^{6} / 4^2 = 124.5 \, m$$

تأكد من رقم رينولدز لضمان اقتران المعادلة

$$Re = \frac{U_m x}{v} = \frac{5 \times 124.5}{1.004 \times 10^{-6}} = 620 \times 10^{6}$$

قارن هذا بأقرب رقم رينولد لدفق صفحي بعد لوح مسند $3\times10^6$ وهذا الرقم أعلى كثيراً من المسموح به وعليه يجب محاولة دفق مضطرب ومن ثم معادلة الدفق تعطي:

$$\frac{\delta}{x} = 0.16 \sqrt{\left( \frac{U_m x}{v} \right)^{\frac{1}{7}}}$$

$$x = \left[ \delta \left( \frac{U_m x}{v} \right)^{\frac{1}{7}} / 0.16 \right]^{\frac{7}{6}} = \left[ \frac{2 \times 10^{-2} \left( \dfrac{5}{1.004 \times 10^{-6}} \right)^{\frac{1}{7}}}{0.16} \right]^{\frac{7}{6}} = 1.16 \, m$$

تأكد من رقم رينولدز $\quad Re = \dfrac{5 \times 1.16}{1.004 \times 10^{-6}} = 5.75 \times 10^{6}$

وهذا دفق مضطرب

# المؤلفون في سطور:

## د. محمد عصام محمد عبد الماجد

- اختصاصي الباطنية الدكتور محمد عصام محمد عبد الم اجد ( MBBS، BLS، ALS، MRCP-UK) تخرج في كلية الطب بجامعة الخرطوم بالسودان2008. أكمل التدريب الأساسي مع وزارة الصحةالسودان ية، ثم عمل كطبيب في قسم الطب الباطني بمستشفى الرباط الجامعي بالسودان، و مستشفى أملج بوزارة الصحة بالمملكة العربية السعودية، ووزارة الصحة بسلطنة عمان.
- اكمل تدريبه العالي لعضوية الكليات الملكية للأطباء في المملكة المتحدة (MRCP-UK) في أجزائه الثلاثة.
- شارك بالتدريس كمساعد تدريس بقسم الطب الباطن بجامعة السودان العالمية
- طبيب مسجل لممارسة المهنة لدى المجلس الطبي السوداني، وهيئة الصحة في أبو ظبي بالأمارات العربية المتحدة ( HAAD)، والهيئة السعودية للتخصصات الصحية (SCHS) بالمملكة العربية السعودية، ووزارة الصحة سلطنة عمان
- عضو كامل العضوية في جمعية الطب الح رج في المملكة المتحدة ( SAM)، والجمعية الأوروبية لطب الطوارئ (EuSEM)، والجمعية الأوروبية للجهاز التنفسي (ERS).
- المؤلف هو أحد المراجعين النظراء مع مجلة العلوم الطبية والتجارب السريرية، والمجلة الإفريقية للعلوم الطبية.
- للمؤلف عدة براءات اختراع في برمجة أنظمة الحواسيب مفتوحة المصدر Open-Source Programming، وله برامج معتمدة كجزء من نظام التشغيل فيدورا ونظام جنو لينوكس (both Fedora and GNU/Linux).
- التلفون: 0096896705308، البريد الالكتروني: mohammed_isam1984@yahoo.com ، فيسبوك: https://www.facebook.com/Mohammed.Isam، موقع الكتروني: http://sites.google.com/site/mohammedisam2000

## الأستاذ الدكتور المهندس المستشار/ عصام محمد عبد الماجد أحمد

- من مواليد مدينة رفاعة بالريف السوداني في 19 يوليو 1952 م.
- تلقى تعليمه الأولي برفاعة، والمتوسط بأبي حراز، والثانوي برفاعة.
- تخرج فى قسم الهندسة المدنية بجامعة الخرطوم (السودان) بمرتبة الشرف الأولى، 1977.نال دبلوم الري من جامعة بادوفا (إيطاليا)، 1978.حصل على ماجستير الهندسة البيئية من جامعة دلفت (هولندا)، 1979.نال الدكتوراه في الهندسة البيئية من جامعة استراثكلايد (بريطانيا)، 1982
- للمؤلف جملة من البحوث والأوراق العلمية المتخصصة والكتب الدراسية والمراجع العلمية والمهنية المتخصصة (باللغتين العربية والإنكليزية) فاز بعضاً منها بالجوائز التقديرية الرفيعة.
- عمل مهندساُ بالمؤسسة العامة للري والحفريات بوزارة الري والموارد المائية (مينا)، وأميناً عاماً للمجلس القومي لرعاية الثقافة والفنون بوزارة الثقافة والإعلام (الخرطوم)، وأستاذاً جامعياً في جامعات: الخرطوم (الخرطوم)، والإمارات العربية المتحدة (العين)، والسلطان قابوس (مسقط)، وأم درمان الإسلامية (أم درمان)، والسودان للعلوم والتكنولوجيا (الخرطوم)، وجوبا (الخرطوم)، ومركز البحوث والاستشارات الصناعية وأكاديمية السودان للعلوم (الخرطوم) بوزارة العلوم والتقانة (السودان) وجامعة الملك فيصل وجامعة الدمام (المملكة العربية السعودية). وتنقل في مؤسسات التعليم العالي والبحث العلمي متقلداً مناصباً إدارة الشعبة، و رئاسة القسم، ونائب العميد، والعميد،

ووكيل الجامعة، ويعمل حالياً رئيساً لقسم المراجعة بمركز النشر العلمي بجامعة الدمام.


- التلفون: 00966530310018، 0024911620909 البريد الالكتروني: isam.abdelmagid@gmail.comiahmed@uod.edu.sa، isam@enginormatics.com، تويتر: twitter.com/IsamAbdelmagid، فيسبوك: https://www.facebook.com/isam.m.abdelmagid، researchgate: https://www.researchgate.net/profile/Isam_Abdel-Magid، google scholar: https://www.facebook.com/isam.m.abdelmagid، linkedin: https://www.linkedin.com/nhome/?trk=، الامازون: https://authorcentral.amazon.com/author/isamabdelmagid، موقع الكتروني: http://sites.google.com/site/isamabdelmagid

**م. تسنيم عصام محمد عبد الماجد**

- من مواليد مدينة العين بالامارات العربية المتحدة في يوم الخميس 9 نوفمبر 1989م 10 ربيع الثاني 1410هـ.

- درست بمدارس سلطنة عمان والخرطوم وتخرجت في قسم الهندسة الميكانيكية بجامعة الخرطوم بالسودان بمرتبة الشرف الأولى عام 2010م. تعمل بجامعة أفريقيا العالمية بالخرطوم.

- حصلت على ماجستير تكنولوجيا الطاقات المتجددة في الهندسة الميكانيكية من جامعة الخرطوم بالسودان في 2015م.

- للمؤلفة عدة اصدارات وأوراق علمية منشورة.

- التلفون: 00966558739022، 0024961343611 البريد الالكتروني: tas.isam@gmail.com، researchgate: https://www.researchgate.net/profile/tasneem_Abdel Magid،